DES NUAGES

À Mathé et Jacques Clerc
À Micha et Sabine Puget

© Éditions du Seuil, 27, rue Jacob, 75006 Paris, octobre 2006

ISBN : 2-02-085102-4

www.seuil.com

DES NUAGES

de l'Antiquité à nos jours

BERNARD CHAMBAZ

SEUIL

SOMMAIRE

On peut prétendre à juste titre que les nuages ont constitué le premier paysage qu'il nous a été donné de percevoir. Du fond d'un landau, nous considérions les formes de matière qui planent tout là-haut, le défilé de légers nuages blancs ou les rouleaux de lourds nuages gris encadrés par le toit de la capote. Je fais le pari que ce paysage-là ne nous a pas abandonnés et qu'il représente même l'horizon initial et la toile de fond sur laquelle s'est développée notre vision du firmament.

Par ailleurs, chaque individu a une expérience du ciel et des nuages immédiate. Il va de soi qu'elle varie en fonction d'un certain nombre de paramètres. Même si « L'Étranger » de Baudelaire en donne le diapason :

J'aime les nuages... les nuages qui passent... là-bas... là-bas... les merveilleux nuages !

On a d'abord un ciel géographique. Il est bleu ou gris ou noir ou blanc, ou mêlé, ou rouge, ou encore rose et vert lors des aurores boréales. Il est peu ou prou nuageux et j'imagine qu'un ciel sans nuage c'est déjà un ciel avec le mot « nuage ». Il est très divers à la surface de la Terre, selon la latitude et la longitude, selon les heures, selon les saisons quand on ne vit pas dans les parages de l'équateur. Il nous est pourtant commun. Il est ce que nous avons *sous* les yeux depuis toujours. Pour autant, je ne jurerais pas que nous voyons exactement *la même chose* que nos ancêtres *Homo sapiens sapiens*.

Être dans les nuages. L'expression me plaît. Je l'ai été et le suis plus souvent qu'à mon tour. Dire de quelqu'un qu'il est « ailleurs » ou « absent » ou « tête en l'air » revient à dire autrement qu'il est dans les nuages et que ces nuages lui permettent de se retrancher dans un pays idéal. Mieux encore, on peut vivre sur un petit nuage, sans pour autant avoir l'impression d'être détaché des choses qui nous entourent. Parfois, on est même dans la lune mais on conviendra qu'elle puisse apparaître comme une espèce de nuage. Bien sûr, il nous arrive souvent de « tomber des nues ». Ces trois mots suggèrent ce qui advient à l'improviste ou comme par miracle. En ce sens, on aimerait bien tomber des nues à toute occasion. Sinon c'est le ciel qui vous tombe sur la tête. Mais alors, le coup est rude et la peine lourde. Au-delà du vieux mythe gaulois, la catastrophe vient frapper à la porte.

Concevoir le nuage c'est concevoir plus ou moins consciemment qu'il échappe à la loi de la gravitation universelle, qu'il possède les propriétés d'un corps qui ne tombe pas. Apprendre que le moindre petit cumulus pèse plus d'un million de tonnes a de quoi surprendre mais ne change rien à l'affaire. Envisager le nuage c'est forcément envisager le ciel où il gravite. Et tout le monde vous dira, non sans raison, que le ciel est ce qui se situe au-dessus de nos têtes. Les

Double page précédente : Paul den Hollander, *Ostende 3*, septembre 1978.

plus avisés ajouteront qu'il se situe aussi en dedans. On pourrait bien comprendre ainsi le début de la *Critique de la raison pratique* de Kant, quand il écrit :

> *Deux choses remplissent le cœur d'une admiration et d'une vénération toujours nouvelles et toujours croissantes, à mesure que la réflexion s'y attache et s'y applique :* le ciel étoilé au-dessus de moi et la loi morale en moi.

Le ciel étoilé et la loi morale ne figurent pas ensemble par hasard. Ils sont une représentation d'un infini qui reste à mon horizon et dont la part de ténèbres ne semble pas inquiéter le vieux bonhomme ratatiné de Königsberg. Si le ciel est étoilé c'est qu'il fait nuit et qu'on y mesure mieux l'immensité de l'espace. *A contrario*, le nuage nous renvoie à notre finitude. Voilà le cœur du sujet. Un peu avant Kant, les Babyloniens avaient déjà observé un ciel habité par des étoiles et des puissances divines et assez peu troublé par les nuages. Les notations astronomiques étaient le fait des scribes. Ils comptabilisaient les événements du ciel comme ils comptabilisaient les vaches. Leur rôle consistait à servir le roi, conçu comme un intermédiaire entre le monde céleste et le monde terrestre. Toutefois ils se cantonnaient à un registre arithmétique. Chez les Égyptiens et surtout les Hébreux, les nuages voient se densifier leur dimension religieuse. L'innovation des Grecs résidera dans le souci de les animer et dans une perspective d'intelligibilité. De ce point de vue, les temps modernes commencent.

Si je suis littéralement obnubilé par les nuages, il doit bien y avoir une raison. Par intuition sensible, j'ai postulé que le nuage est *présence*. Il est le signe que nous sommes ici, tenus par une attention souvent flottante et portés par ce soupçon de l'éphémère qu'il induit. On se doute qu'il nous renvoie au temps qui passe et ne passe pas, à un là-bas qui impose son impératif « va voir là-bas si j'y suis ». On devine le caractère magique de ces images mobiles chargées de passé affleurant à travers un présent propulsé en futur. Et pourtant je reste étonné par le peu d'ouvrages qu'ont suscités des nuages qui semblent demeurer marginaux, sur le bord de la route ou du ciel, du sujet. Mais tout ce trafic n'aurait pas eu lieu sans le relais de quelques livres. Au premier rang, il y eut *L'Arrière-Pays* fondateur d'Yves Bonnefoy au printemps 1972 et aussitôt le pas trop croyable *Théorie du nuage* de Damisch, savant mais accessible, où j'ai beaucoup barboté. Décennie après décennie, j'y ai suivi épisodiquement des pistes placées sous ce signe décisif : « Le nuage *hante* le ciel de la peinture. » Il le hante comme les anges habitent l'esprit des fidèles ou le communisme l'incipit du *Manifeste*. Il était venu confirmer le bien-fondé d'une passion tenace. Ces pages profanes forcément éparses et aléatoires soulignent son évidence indéfectible.

DU NUAGE ANTIQUE & MĒDIĒVAL

Page précédente : *Jardin avec arbres fruitiers, fleurs et oiseaux* (détail). Fresque de la maison de Livie sur le Palatin, Ier siècle av. J.-C., Rome, musée national romain des Thermes.

Je ne dois pas être le seul à conserver vivace un souvenir d'école qui remonte à nos dix ans, quand au creux d'un cours d'histoire ou de latin nous avions vocation à nous absorber dans la contemplation d'une médiocre photographie en noir et blanc sur nos manuels de sixième, au choix un temple de Zeus ou celui de Jupiter, et à y reporter au crayon les traces de nuages archaïques improbables ou les reflets de ceux que nous venions d'observer par la fenêtre. Il semble aller de soi que les mêmes nuages passaient dans le même ciel à cette époque lointaine. Et si les Anciens ne leur accordaient pas le même intérêt que nous, il semble inconcevable qu'ils ne leur aient pas prêté une attention comparable à la nôtre. C'étaient bien eux, en tout état de cause, qui signifiaient le seuil où se séparaient le monde des humains et celui des dieux sur l'Olympe, le signe qui annonçait la pluie sur les champs et la nature des vents sur la mer.

Ci-dessus : *Nakht à la chasse avec sa famille* (détail). Peinture murale de la tombe de Nakht, scribe et prêtre sous Thoutmosis IV, XVIIIe dynastie, XVe siècle av. J.-C., Louxor-Thèbes, Nécropole de Sheik Abd al-Qurnah.

Pourtant, à de rares exceptions près, il faudra attendre longtemps – la Renaissance – avant d'en voir une représentation figurée systématique. Pas de nuage, semble-t-il, sur les parois des tombes égyptiennes malgré les rêveries des pharaons, les nuées de sauterelles et les averses qui nourrissent le dieu Fleuve, malgré une humanité qui ne se dément pas d'un empire à l'autre. Certes le ciel n'est pas absent puisqu'on observe, y compris sur des stèles, le disque solaire et ses rayons. Mais ni les plaisirs des puissants ni les travaux des humbles ne se prêtent à la peinture de nuages dans un ciel où ne trônent pas davantage les dieux à tête de vache ou de chacal, attachés plutôt à un royaume souterrain. À défaut de nuages, le mort peut admirer des espèces animales et des espèces végétales. Il repose à l'ombre des palmiers, des papyrus et des sycomores. Les oiseaux sont parfois des oiseaux à tête humaine qui représentent les âmes des défunts. Le plus souvent, ils gardent leur tête d'oiseau. C'est le cas dans la tombe d'Amenemhat, à Thèbes, sous le règne de Thoutmès III. Ils sont stylisés et ils volent dans un ciel azuré sans qu'on puisse être certain qu'il s'agisse délibérément d'un ciel sans nuage. Dans la tombe de Nakht, célèbre pour son harpiste aveugle, à l'œil collé d'un simple trait noir, on assiste à une chasse aux oiseaux où ils s'envolent dans un battement de plumes

Page ci-contre : *Le Plongeur* (détail). Fresque de la tombe du plongeur, début du Ve siècle av. J.-C., musée de Paestum.

rouge et bleu sur un ciel blanc. D'une grande précision, la peinture retrace les choses de la vie. Force est de constater que les nuages n'y tiennent pas la moindre place et que par ailleurs les peintres n'ont pas accordé une attention particulière à la création du monde par Atoum, crachat ou masturbation, les versions diffèrent, nuage épais où naît le monde.

Pas de nuage non plus sur les chapiteaux des temples grecs où les dieux défilent, ni sur les vases, qu'ils soient à figures noires ou à figures rouges. Pas de nuage au-dessus d'Ajax juste avant qu'il ne se suicide sur la magnifique amphore de Boulogne où Exékias choisit plutôt un palmier pour combler le vide. Sur d'autres vases, on admire des oiseaux, des grappes, voire des motifs abstraits, mais toujours pas de nuage. Ils ne passent pas davantage sur les murs des villas de Pompéi ni sur les murs de la maison de Livie en haut de la colline du Palatin. Pas de nuage non plus à Paestum quand celui qu'on appelle le plongeur s'envole vers ce qu'on suppose l'éternité. À moins de renverser l'image et de considérer comme une espèce de nuage la mer, la poche d'eau où il plonge.

Parmi les exceptions, il y a cette lointaine stèle du pays de Canaan qui représente le dieu Baal, retrouvée à Ougarit, aujourd'hui au Louvre. Dans la religion cananéenne, le dieu El était le père, fort et sage, sublime et éternel, créateur et ordonnateur du monde, en somme un vrai père. Baal était son fils. Il était aussi « le chevaucheur des nuées ». Cette fonction contribue à expliquer qu'on voie enfin ces merveilleux nuages mais, après tout, il arrivait aussi aux dieux grecs de chevaucher les nuées sans que pour autant il nous soit donné d'en apercevoir. En fait, Baal conjugue plusieurs puissances divines aux attributions analogues, spécialisées dans les phénomènes liés à la maîtrise des eaux bienfaisantes, pluie, végétation, cycle de la vie. Sur la stèle, Baal brise les nuages avec son bâton. Une pluie oblique advient.

Il se trouve que nous dormons chaque nuit parisienne sous l'égide d'une photographie agrandie de la tholos de Delphes qui ne nous quitte plus, les trois colonnes et les ruines de la rotonde surmontées d'une ribambelle de petits nuages blancs. Et il va de soi que les encyclopédies et les dictionnaires ont toujours offert un bon moyen de voyager, surtout quand la pluie plombait les après-midi de notre enfance. Quand on en vient aux dictionnaires des langues anciennes, pas vraiment mortes, on découvre dans le Bailly le couple *néphélè/néphos.*

Néphélè est ce qui couvre (sous-entendu, le ciel), donc le nuage, avec renvois immédiats à Hom. à cause de l'aurore, de la poussière et des dieux ; *néphélè* vaut également « en parlant des ténèbres de la mort » ou du sommeil.

On observe déjà la tache nébuleuse dans les yeux et le nuage dans l'urine. Les lexicographes grecs n'oublient pas le filet pour la chasse aux oiseaux. La justesse du rapprochement a de quoi impressionner. *Néphos* dit aussi : 1. Le nuage. 2. En général : obscurité, ténèbres – l'*Iliade* toute proche avec les noires ténèbres de la mort. Dans un sens « moral », il se prête au nuage de l'oubli et/ou de la tristesse. Avec cette admirable précision technique – ici corporelle – qui la caractérise, la langue grecque invente les « nuages des sourcils » afin de signifier un visage assombri, et peut-être le français « broussailleux » traduirait-il ce nuage-là ? 3. Par analogie : « toute foule compacte qui de loin ressemble à un nuage », hommes oiseaux insectes, etc. 4. La région des nuages, donc le ciel, le tout pour la partie. À proximité, il indique une voix sourde ou voilée.

Le dictionnaire étymologique Chantraine commence par distinguer *néphélè* de *omichlè*, la brume, moins épaisse que le nuage. La distinction est déjà opérée par Aristote dans les *Météorologiques* et a permis de former le verbe « devenir brumeux » qui correspond à des terres et des mers soumises aux fortes chaleurs. Quant à la racine, on la retrouve – comme si souvent – en sanskrit. Les langues indo-européennes gardent inscrites en elles la proximité ciel/nuage ; le vieux slave et le hittite le prouvent (paraît-il).

Homère reste le patron. Avec l'*Iliade*, il nous raconte juste quelques journées du siège d'une ville et le premier nuage est un nuage de fumée qui monte en spirale au-dessus de la mer infinie après que les Achéens ont accompli leur sacrifice pour calmer Apollon. Avec l'*Odyssée*, il nous raconte le retour d'un des guerriers et le premier nuage advient, en épithète, à propos de Zeus « l'assembleur de nuages » (de sorte que je me retrouve ici un peu dans la peau de Zeus). Les exemples abondent sans franchement relever du *topos* géographique, malgré l'aurore aux doigts de rose. En général, ils apparaissent sous la forme d'une enveloppe. Par exemple, au moment précis où Achille apprend la mort de Patrocle, « mon autre moi-même », avec qui il partage les jeunes esclaves, « un noir nuage de douleur aussitôt l'enveloppe ». Ou encore quand Athéna enveloppe Ulysse d'un nuage (par deux fois, épaisse nuée puis brume divine dans la traduction de Bérard) pour lui donner la possibilité de voir sans être vu, voir les merveilles du royaume des Phéaciens sans être vu par ses habitants.

Chaque mythe justifierait d'être exploré sur ce versant. Icare vole mais ce ne sont pas les nuages qui l'empêchent de trouver son chemin, au contraire, c'est peut-être l'absence de nuage qui entraîne son erreur de pilotage, qui le conduit à monter plus haut dans le ciel, sans repère, vers le soleil, qui fait fondre ses ailes et le précipite dans la mer. Quant à Eurydice, elle disparaît « comme une fumée impalpable », perdue pour jamais, laissant Orphée inconsolable. On n'en finirait pas. Dans un tout autre registre, avec *Les Nuées*, Aristophane fait rire aux dépens de Socrate juché dans une nacelle au milieu des nuages pour s'imprégner de leur subtilité et dispenser des « balivernes subtilissimes » en virtuose de la bulle de savon. On rit ou on ne rit pas à une comédie qui joue beaucoup sur la dérision mais se termine quand même par la mise à mort d'un philosophe qui use des métaphores bientôt classiques où les nuages se

***Stèle du dieu Baal au foudre*, XVe siècle av. J.-C., Paris, musée du Louvre.**

métamorphosent en centaure, léopard, loup, bœuf, et qui tient des raisonnements lui valant le reproche d'être un mécréant sous prétexte qu'il ne croit pas en Zeus.

La langue latine suit le mouvement. Le bon vieux Gaffiot décline des acceptions de *nubes* qui reprennent les grecques, au sens propre et figuré, nuage, nuée de sauterelles, soldats, oiseaux, flèches, etc. Il propose aussi la sombre expression d'un visage, voire une condition obscure. Il égrène quelques dispositions originales : *nubilarium*, hangar pour protéger la moisson contre la pluie ; *nubilum*, temps couvert ; le verbe *nubere*, voiler ; se voiler, quand une femme prend le voile pour épouser un homme ; l'adjectif « nubile » vient de là, en âge d'être mariée, le sexe couvert de poils. On trouve encore *nimbus*, qui donnera son nom au professeur et qui pour l'instant désigne la pluie d'orage, l'averse, à savoir l'effet du nuage, le nuage de pluie, puis le nuage doré enveloppant les dieux, enfin l'auréole qui sera celle des saints.

J'ai repéré aussi *nubecula*, le point obscur qu'on observe à plusieurs reprises chez Pline. Ce point obscur a forcément à voir avec l'instant obscur, à savoir maintenant, cette forme d'aveuglement ou d'éblouissement devant le monde. Quant au dictionnaire étymologique Ernoult et Meillet, il nous propose *nebula*, le brouillard, mais aussi la matière transparente. Tout près, on voit pointer l'esprit fumeux, le bon à rien, la variante latine du type dans les nuages. Il nous offre aussi l'islandais *niol* (l'obscurité) et le gallois *nudd* (le nuage en personne). Au cas où on ne l'aurait pas perçu, il établit le lien avec le verbe « obnubiler ». Voilà qui suffirait à justifier l'aimable obsession qui nous assiège, le besoin invétéré de cette collection.

À la longue, on céderait volontiers à la tentation de dresser un catalogue des nuages, de les répertorier, selon leur date, leur forme, leur couleur, leur dimension, leur consistance. Du côté des sciences, reconnaître les cumulus, stratus, cirrus, nimbo-stratus à venir. Du côté de la poésie, les suivre, se laisser emballer, mais d'abord être simplement ému par leur apparition, par exemple à la lecture de Virgile, *comme le sillon enflammé de l'éclair parcourt les nuages de son étincelante lumière*, histoire de dire l'amour sensuel dont Vénus enveloppe Vulcain, et à peine plus loin, dans le livre huitième de l'*Énéide*, quand les mères regardent leurs fils partir au combat donc vers une mort probable qui arrache des accents tragiques au roi Évandre, « le nuage de poussière que soulèvent les escadrons rutilants de bronze », longue tradition toujours parfaitement moderne, émotion renouvelée, « et quoi d'autre qu'un nuage si j'entraîne comme ça les mythes dans le tourment », on est maintenant dans un recueil de Michel Deguy, face à une phrase limpide au possible, inoubliable, qui conserve toutefois sa part d'obscurité, en nous, en soi, dans le caractère héroïque (moitié divin moitié humain) de ce « j' » capable d'entraîner « comme ça » la roue d'un monde amoureux. Même chez Virgile, les nuages relèvent davantage d'un monde mythique que du monde bucolique. Ils restent un masque des dieux. Mais ils sont aussi un apanage des hommes. Ainsi quand Énée reçoit la visite de sa déesse/mère aux lèvres couleur de rose, elle lui dit à peu près : je vais dissiper le nuage qui émousse ta vue de mortel et obscurcit tout par son enveloppe humide. Ici le nuage (humide) fonctionne comme une sorte d'écran, qu'une puissance divine peut lever. Plus loin, l'*Énéide* convoque la figure de Salmonée puni, précipité dans un énorme tourbillon par Zeus pour avoir osé contrefaire (simuler) des nuages et la foudre.

Le nuage en tant que tel survole le monde romain. Il tend à demeurer objet de métaphore. Le premier à s'y intéresser vraiment est Lucrèce. Évidemment on ne le lit plus guère. Voilà une bonne raison de le reprendre. Il est assez bouleversant de le voir se passionner pour ce qui ne passionne pas grand monde, du moins en ces termes, et prodiguer des explications susceptibles de répondre aux mystères du monde visible, aptes à dissiper les ténèbres tout en réaffirmant avec lucidité le principe de la dissolution du monde. Titus Lucretius Carus était un drôle de type, surtout si on en croit saint Jérôme qui prétendait que le poète était devenu fou après avoir bu un philtre d'amour et qu'il aurait écrit son *De natura rerum* pendant de brèves rémissions. On sait qu'il s'est élevé contre la superstition, donc contre les excès de la religion, et qu'il était attiré par le principe de combinaison des atomes comme par le principe de combinaison des mots. La densité de la langue latine y est portée à son comble et le texte avance à la façon des nuages, par nappes et glissements, ce qui explique peut-être qu'il fut le livre de chevet de Montaigne et de Rimbaud. Lucrèce y pose le *pondus animi* qui deviendra le malaise existentiel. Il y cerne aussi la sérénité, sachant que *serenus* s'emploie par extension pour qualifier un ciel sans nuage, c'est-à-dire un ciel débarrassé de tous les tourbillons qui le fascinent et relèvent déjà de la physique des fluides et des systèmes thermodynamiques. Au détour, il invoque le « chaos-nuage » et affirme que dans tout flux il y a des retours du même, attentif au fait que la même racine grecque signifie le flux (*rhein*) et la forme stable (*rhutmos*).

Les nuages à proprement parler appartiennent au livre VI, le dernier, qui se présente comme le livre des météores et se développe autour de trois points : le feu du ciel, les eaux, les phénomènes terrestres. Les nuages constituent la pièce intermédiaire des « eaux », entre les trombes et les pluies. Lucrèce se lance dans une description qu'il veut scientifique et poétique. Il commence par « *nubila conscrescunt...* », à savoir, les nuages se forment, ou – aussi bien – s'agrègent, se condensent, s'épaississent, voire se durcissent, nous suggérant en français le mot « concrétion », donc « *nubila conscrescunt* quand un assez grand nombre de leurs éléments, en volant dans les hautes régions du ciel, se rencontrent soudain et grâce à leurs légères aspérités s'enchevêtrent ». On fait face cette fois aux fameux atomes crochus. Plus loin, il évoque les nuages trop ténus pour être perçus par notre œil, par exemple les vapeurs qui s'élèvent de la surface de la mer, leur condensation de substance (ou matière) qui « voile le ciel bleu d'un tissu de nuages ». Par ailleurs, il soutient qu'ils n'ont pas un corps aussi dense que les pierres ou le bois car (dit-il) ils tomberaient, ni aussi subtil que les brouillards et la fumée car (dit-il) ils ne pourraient retenir en eux les neiges glacées et les averses de grêle. Il évoque longuement leur bruit, il les compare alors à « une épaisse forêt dont les feuilles bruissent ». Il les étudie le plus souvent comme indice d'une tempête, toujours en formation, proches des ténèbres de l'Achéron. S'il cède parfois à des visions fantasques, il séduit par la pertinence de ses intuitions.

En prime, il fait preuve d'un rare discernement sur les propriétés physiques de l'air, la pluralité des mondes, le principe de la dissipation (disparition) des choses et des êtres.

En contrepoint, Ovide lui rend hommage dans les *Amours* puisque « le jour où finira le monde, ce jour-là seulement, et avec le monde, périront les vers du très grand Lucrèce ». Quant à ses *Métamorphoses*, elles commencent par postuler la masse informe et uniforme du chaos, puis l'œuvre d'un dieu – ou de la Nature – doté des moyens de suspendre les nuages (et aussi les brouillards et la foudre). Les nuages assurent quelques fonctions assez simples et sont souvent dissipés ou écartés par une main divine. Deucalion confie à Pyrrha que « ces nuages suspendus sur nos têtes [l]'épouvantent toujours ». Diane rougit parce qu'un homme la voit nue, « comme un nuage frappé par les rayons du soleil se nuance de mille couleurs ». Plus classique, Junon s'enveloppe dans son nuage doré. Cela dit, les nuages sont souvent noirs ou sombres ou chargés de pluie ou précurseurs de pluie, donc concrets, plus seulement cette espèce d'industrie divine réservée aux immortels. Et puis, au livre XV, le dernier, Pythagore dont l'âme est un oracle et devant qui les cieux s'ouvrent, Pythagore affirme sans ambages « je veux voler sur les nuages », avant de rassurer les hommes à l'idée de la mort puisque rien ne peut subsister longtemps sous la même forme, retour au point de départ, au cœur du sujet.

L'Ascension, détail d'un relief roman du cloître du monastère de Santo Domingo de Silos, fin XIe-début XIIe siècle.

Que les hommes aient toutefois représenté des nuages au cours d'un très long Moyen Âge ne saurait surprendre, à condition de diriger nos regards vers les marges des enluminures et vers quelques chapiteaux ou tympans des églises.

Alors qu'est-ce qu'on voit ?

Voici un relief roman magnifique, sculpté fin XIe ou début XIIe siècle, dans le cloître du monastère de Santo Domingo de Silos en Castille. Il représente une Ascension, attentivement suivie par les apôtres qui ne peuvent pourtant pas voir avec leurs yeux Jésus émerger des nuages mais qui le voient par la pensée ou par l'imagination. Cela dit, nous le voyons à leur place, avec nos yeux, car le prodige de l'art médiéval est de rendre visibles quelques épisodes et mystères essentiels. Le corps de Jésus est encore caché par une couche ondoyante pareille à une grande nappe tenue par les deux anges latéraux. On devine le corps sous la nappe. Étrangement, on dirait une chrysalide.

Les saints Boris et Gleb,
fils de Vladimir de Kiev, XIe siècle,
Moscou, galerie Tretiakov.

Voici encore, à l'autre bout de la péninsule européenne, sur les terres noires ceintes de grands fleuves qui coulent de haut en bas, avant l'arrivée des peintres grecs invités par le métropolite, les icônes de Boris et Gleb, peintes sur bois. On est dans les premières décennies du XIVe siècle. Les deux frères martyrs constituent l'avant-garde des icônes. Ils paraissent moins debout sur terre que planant en l'air comme par miracle. Souvent ils se détachent sur un fond à l'origine vermillon. La mort de Gleb est signalée par le chant des anges que nous n'entendons qu'en esprit, par les cierges allumés qui brûlent comme des petits coquelicots, et par la colonne de feu – qui est la forme extrême du nuage.

Page ci-contre : *Saint Jean et l'ange*. L'apôtre Jean grimpe sur une échelle pour passer à travers une fenêtre, présumée être le paradis, où il est accueilli par un ange ailé. Miniature du début du XIVe siècle, tirée de *L'Apocalypse*, Londres, British Library.

Voici enfin les psautiers dont les variations chromatiques multiplient les chances d'observer des nuages. Un axe narratif en facilite l'accès. C'est le cas du songe de Jacob et de son combat avec l'ange, où l'échelle posée au pied de deux petites montagnes couvertes d'arbres sert à Jean dans cette miniature anglaise du début du XIVe siècle. Elle le conduit jusqu'à une grande fenêtre entourée de nuages, dont les volets sont écartés, il est accueilli par un ange, il s'apprête à jeter un coup d'œil sur un fond bleu, juste avant qu'il ne voie et ne tombe en extase : « Voici : une porte était ouverte au ciel, et la voix que j'avais naguère entendue me parler comme une trompette me dit : "Monte ici, que je te montre *ce qui doit arriver*." » À côté du fonds biblique, quelques variations mystiques comme le Graal font recette. L'histoire du maître de Fauvel se décline à travers une miniature au quadrillage scolaire impeccable, le héros découvrant la nef, lui dans son nuage, la nef sur l'océan, les poissons dans l'eau ondoyante un peu comme le héros dans son nuage. La voile de la nef gonfle, entre rideau et nuage, en relation avec le voyage.

Ci-dessus : Miniature extraite de l'*Histoire du saint Graal : Nascien découvrant la nef*, Maître de Fauvel, XIVe siècle, Ms français 105, fol 60v, Paris, Bibliothèque nationale de France.

Dante aura fait un beau voyage. Il demeure lié par le « nuage de la mortalité » jusqu'à la vision du dernier chant du *Paradis*, qui est en même temps la fin et le commencement rendu possible, la parole, l'amour conçu comme la force qui meut le soleil et les autres étoiles. Saint Bernard intercède en sa faveur en demandant à Marie de le délier. Être délié, comme déjà chez les

Grecs la mort déliait l'homme du poids de son corps, c'est en cette circonstance exceptionnelle avoir la possibilité de « voir, étant vivant, ce qui ne peut être vu qu'après la mort ». Le nuage apparaît donc à la fois comme le propre de l'homme *mortel* et comme une espèce d'obstacle, un écran quasi naturel et infranchissable « qui se tient devant », autrement dit entre nous et Dieu. Grâce à saint Bernard, le poète obtient un miracle. Il peut voir « face à face » le visage invisible et incomparable de Dieu, au lieu de seulement le deviner par énigmes. En retour, il écrit *La Divine Comédie* qui est ce miracle, le XXXIIIe chant du *Paradis* sa réalisation, rendue possible par Béatrice, disparue, tel était sans doute le prix à payer. Dante invente, à cet effet, le subterfuge du rêve. Il ancrerait ainsi le nuage du côté de la rêverie.

La prière de saint Bernard est sans équivoque :

> *[...] je te prie [...]*
> *de dissoudre au doux vent de tes prières*
> *toute nuée en sa mortelle vue.*

Mais quelle prière aujourd'hui pourrait être exaucée ?

Si l'ensemble du Moyen Âge a pu apparaître – par périodes – sombre, obscur, et ce fut encore le cas vers la fin quand la peste s'ajouta aux guerres et accrut la mortalité par famines, il ne semble pas que la peinture en ait subi l'exact contrecoup. Mis à part les danses macabres, elle a su conserver l'éclat qu'on prêtait aux choses de la religion. Voyez les œuvres des maîtres siennois, voyez Duccio di Buoninsegna. Il a commencé par peindre les couvertures des livres de la Biccherna (l'office financier de la commune de Sienne) pour quelques sous puis il a honoré diverses commandes pour quelques lires avant de se lancer dans l'œuvre magistrale de la *Maestà*, qui sera transportée en grande pompe au Dôme avec procession, étendards, cloches, lumignons. Une admirable sérénité y règne, majorée par l'impassibilité du Christ, sauf sur la croix. Elle obéit à la tradition aulique des artistes byzantins mais elle paraît déjà affranchie du carcan des représentations traditionnelles. Toutefois les ciels demeurent dorés, feuilletés de lamelles d'or qui irradient du plan le plus reculé sur lequel se superposent les figures colorées selon une espèce de perspective de l'arrière vers l'avant. Aucun épisode de la légende chrétienne n'y échappe. Il n'y a pas un coin de bleu ni un nuage dans la fuite en Égypte ou l'arrivée à Jérusalem qui pourtant s'y prêteraient. Une petite armada d'anges débarque au-dessus de la croix du Christ dans la Crucifixion, mais ils ne volent pas encore en formation nuageuse et peuplent un espace qui ignore les oiseaux. Au passage, on peut observer des poissons dans le filet de Pierre et André, histoire de montrer que la mer aussi est peuplée d'espèces vivantes. Une génération plus tard, Simone Martini pose ce ciel incroyable derrière le *Guidoriccio da Fogliano* dans la grande salle du Palais communal. Et il brosse des espèces de nuages, où il poste Beato Agostino Novello pour réaliser ses quatre miracles dont le sauvetage d'un enfant tombé d'un balcon et les anges de la *Crucifixion* du polyptyque Orsini pour battre des ailes dans une profusion de couleurs invraisemblable. Il est vrai que Giotto vient de passer par là.

Duccio di Buoninsegna,
***Maestà*, détail du revers :**
***Entrée dans Jérusalem*, 1308-1311,**
Sienne, museo dell'Opera.

À peine seize ans après Duccio, selon des chiffres approximatifs, le changement est radical. Les ciels sont bleus, oui, peints d'après nature. Cela dit, ils ne sont pas seulement naturels, car – ainsi que Varchi l'avait noté dès 1546 dans ses *Lezione nella quale si disputa della maggioranza dell'arti* – le génie de Giotto fut de « montrer autant que faire se peut le dedans, c'est-à-dire les sentiments ». Il le démontre dans l'Arena de la chapelle Scrovegni, à Padoue, sous la voûte en berceau étoilée. On y distingue deux types de nuages qui ont en commun de relever d'une certaine observation tout en demeurant dans une sphère religieuse : ceux des anges de la *Déploration* et de l'*Ascension*, qui sont en quelque sorte des petits nuages à réaction, ceux des deux anges postés tout en haut du *Jugement dernier* par-dessus une zone azurée, les pieds posés sur une nappe nuageuse. Les premiers volent. Ils sont donc eux-mêmes comme des nuages, aux ailes roses, modernes à la fois par le rendu de leur sentiment éploré et par la continuité entre les plumes et leur sillage. Les seconds se contentent d'enrouler la voûte céleste et de laisser entrevoir aux justes « les ciels nouveaux et la terre nouvelle » annoncés par l'Apocalypse. Par ailleurs, les cohortes d'anges accolés en rangs serrés obéissent à un dessin de lignes obliques en fuite qui renouvellent la vision du domaine céleste, élargie par la donnée immédiate d'un bleu compact et soutenu et la proximité du dehors bleu pâle par lequel Giotto ouvre la peinture à la lumière du monde. Il peint aussi des oiseaux dans le sermon que François leur adresse et des démons qu'il faut chasser du ciel d'Arezzo. En fait, il esquisse un nouvel espace pictural, une perspective que soulignent les effets de raccourci et le retour au profil. Quand bien même, au siècle des Lumières, le cavalier de Brosses se moquait de son barbouillage et se laissait aller à écrire qu'il « ne serait pas reçu aujourd'hui à peindre un jeu de paume ».

Simone Martini, *Le Miracle du bienheureux Agostino Novello* (un enfant tombé d'un balcon est sauvé), 1328, Sienne, Pinacoteca nazionale.

Giotto di Bondone, *Anges*, détail de la fresque des *Lamentations*, vers 1305, Padoue, chapelle Scrovegni.

DU NUAGE
RENAISSANCE
[I T A L I E N]

Après une poignée d'anticipations géniales, après un siècle de tâtonnements, la Renaissance impose sa loi. Elle l'impose lentement, dans le sillage d'un humanisme dont Giotto et Dante ont pu préfigurer les racines désormais vivifiées par une pléiade de penseurs et d'artistes. Par définition l'humanisme voit d'un œil neuf la relation de l'homme au monde. Il redéfinit sa place dans un ciel débarrassé de sa chape de plomb. Les nuages y ont leur versant chrétien et leur versant antique. Versant chrétien, c'est toujours l'histoire biblique, arrangée au goût du jour. Versant antique, c'est la forme dans laquelle les mythes trouvent un nouveau souffle.

Début xve siècle, la question du *nuage* peut être éclairée par la célèbre expérience de Brunelleschi. À un moment perdu, le grand architecte de Sainte-Marie-des-Fleurs peint le baptistère sur un petit panneau de bois. Ses amis louent la précision du rendu des mosaïques, qui relève de l'art de la marqueterie, et aussi la perspective. En outre, ils sont surpris par le ciel, qui n'est pas représenté mais montré, grâce à un subterfuge ingénieux : au point d'intersection des plans, Brunelleschi a inséré un miroir, une surface d'argent bruni, et le ciel réel s'y reflète et par force les nuages qui y passent.

Parmi les peintres qui font le Quattrocento, on aurait tort d'oublier Masolino. Vasari s'emmêle dans sa biographie, il le fait mourir à l'âge où meurt Masaccio sous prétexte qu'ils ont travaillé ensemble dans la chapelle Brancacci, il lui enlève vingt ans de sa vie, et il ignore son travail de Castiglione d'Olona. Or *La Fondation de Sainte-Marie-Majeure* (ou *Sainte-Marie-de-la-Neige*), peinte à Castiglione, aujourd'hui au musée Capodimonte à Naples, mérite le détour. On rapporte que la Vierge serait apparue au pape pour lui enjoindre de bâtir une basilique sur la colline de l'Esquilin où il arrive que la neige tombe. Roberto Longhi a évoqué la perspective du tableau, les cols du Latium au lointain et « ce détachement d'éclaireurs diligents, les nuages ». Ces éclaireurs diligents ressemblent à des soucoupes volantes et sont plutôt des signes de *nuage* que des nuages réels mais ils s'amenuisent comme des nuages réels. Ils renforcent ainsi ce sentiment, nouveau à l'époque, de perspective, et relèvent d'une autre logique que la nuée qui barre le ciel et la peinture, une nuée où le Christ et la Vierge paraissent comme un simple sceau posé au-dessus et en dehors d'une histoire pourtant religieuse.

La diligence, on la retrouve chez Angelico. C'est le mot qu'emploie Vasari dans sa *Vie* pour définir son attitude. Il ne s'agit pas seulement de sollicitude voire de zèle mais de l'émotion qui lui tient la main. Tout moine et béat qu'il était, Angelico a multiplié les nuages géographiques. Voilà ce qui m'aura de prime abord frappé. Il est le premier à leur accorder cette attention scrupuleuse, à leur donner un modelé, à rendre identiques le ciel de ses tableaux et le ciel de la Piazza San Marco quand on sort du couvent pour aller boire un cappuccino au bar. Certes, son nuage est parfois un simple signe, mais il est souvent un *vrai* nuage. Comment douter que quelque chose de neuf se soit produit ?

Masolino, *Le Pape Libère fonde la basilique de Santa Maria di Nives*, vers 1428, Naples, musée de Capodimonte.

Regardons la *Descente de croix* de Santa Trinità, aujourd'hui à San Marco. Elle est datée de 1437, soit une dizaine d'années après le coup d'éclat d'Adam et Ève en haut à gauche de la chapelle Brancacci. Le commanditaire est Palla Strozzi, marchand et banquier enrichi par les tissus et les lettres de change, humaniste, auteur d'une grammaire grecque. Angelico a déjà peint une *Déposition* et il peut remonter le cours du temps en se consacrant *a tempera* à une *Descente de croix*. Il donne toute la mesure de son art. Si l'herbe et les fleurs du premier plan semblent obéir encore à un mode de représentation plus conventionnel, il offre un des tout premiers paysages, large, déployé, à la fois réel et idéal, fictif, murmurant à voix basse pour ne pas offenser Dieu que ce lieu n'est que de la peinture mais qu'elle se doit d'être la plus divine possible. Dans ce ciel imaginaire, il dépose des nuages sous forme de moutonnements qui – pour un dominicain – ne sont pas sans rapport avec les agneaux du Seigneur. Dans la partie gauche, les nuages peuvent paraître trop beaux pour être vrais, trop travaillés, chargés de nous avertir « Attention Nuage », ne serait-ce qu'en raison de la menace qu'ils font planer sur

Fra Angelico, *Retable de la Sainte-Trinité*, vers 1434, Florence, musée Saint-Marc.

Fra Angelico, *Le Martyre de saint Marc*, prédelle du triptyque de Linaioli (détail), 1433, Florence, musée Saint-Marc.

Jérusalem. En revanche, ils paraissent beaucoup plus convaincants dans la partie droite. On est ému au plus haut point par la perfection de ces touches de blanc dans le ciel au-dessus de la colline et du château qui la domine au loin, par la justesse de ces traces de blanc entre les feuilles du palmier et du laurier. On s'y croirait.

Quant au corps du Christ, il est comme suspendu. Il est à la fois descendu (en passe d'être descendu de la croix puis déposé sur le sol) et déjà prêt à s'élever. À l'encontre de tous les corps morts, il donne l'impression d'un corps léger et ne nécessite pas d'effort de la part de ceux qui le soutiennent. À sa façon, Angelico leur prête la main. Regardez aussi ses autres ciels, vous y verrez des filaments plus ou moins épais et gris qui indiquent un ciel moins limpide et provoquent une lumière voilée. Et puis il y a ce formidable orage de grêle dans *Le Martyre de saint Marc* avec son ciel vert foncé noir et la pluie de petites billes blanches qui s'abattent sur les témoins, le corps du saint traîné sur le sol, la hampe de l'étendard tordu par le vent. Voragine l'avait raconté dans la *Légende dorée* :

Piero della Francesca, *Baptême du Christ* (détail), 1440, Londres, National Gallery.

[...] comme les païens le voulaient brûler, soudain l'air se trouble, une grêle s'annonce, les tonnerres grondent, les éclairs brillent, tout le monde s'empresse de fuir, et le corps du saint reste intact.

Angelico l'a peint en choisissant d'anticiper la chute des grêlons.

À son tour, Piero della Francesca débarque dans l'histoire de la peinture. Même si la peinture de paysage reste un genre mineur, même si la place du paysage dans la peinture reste mineure, quelque chose se produit à quoi nous accordons aujourd'hui un intérêt conséquent. Jamais je n'oublierai son ciel si *réel*, ses nuages sereins. Ils sont même au principe de mon attention à la peinture. J'ai été happé par leur identité, j'y ai vu un signe de reconnaissance entre eux qui vous fait dire – aussi sûrement que l'air de famille des personnages : voici un Piero.

Focillon avait parlé de son heure immuable et Venturi de sa lumière d'éternité. Je ne partage pas ce sentiment. Dans le *Saint Jérôme et un dévot*, on est l'après-midi, déjà bien avancé, après la sieste et avant les vêpres, on perçoit une touffe de clarté dans le feuillage de l'arbre. Il y a un allègement du ciel à l'ouest, plus blanc. Les nuages se présentent sous la forme de fines traînées blanches à peine sensibles, mince bande transparente prête à se colorer quand viendra le soir. Ils ne projettent pas d'ombre et ne portent pas de pluie. Ils passent en haute altitude. En cela, ils possèdent une fraîcheur glacée qui contraste avec la douce chaleur au sol et offre une harmonie dont Piero tire son ordinaire. Focillon les nomme stratus là où il s'agirait plutôt de cirrus. Quoi qu'il en soit, ils nous laissent face à une équation nuage/lumière. La nouveauté de Piero est là : dans la présentation du nuage comme lumière. Après lui, les Vénitiens suivront cette leçon de nuage qui restitue l'unité du lieu : le ciel et la terre obéissent au même monde, possible et habitable.

Mieux connus et plus évidents encore sont les nuages du *Baptême*, conservés à Londres. En effet, ils participent étroitement de la composition du tableau, ils contribuent à l'impression de paix qui se dégage de l'ensemble. On a un thème (le baptême), des personnages de premier plan (le baptisé, le Baptiste, les anges) et un paysage. Dans ce paysage, nous retrouvons les douces collines de la haute vallée du Tibre déjà représentées dans le *Saint Jérôme*, l'arbre qui fait voûte, et les nuages posés dans le ciel. On est tôt le matin, avant que les nuages ne se dissipent, disposé à admirer leur reflet dans l'eau du Jourdain et à établir un réseau d'équivalences : nuage/colombe du Saint-Esprit/anges. Piero prouve sa science des nuages dès ce *Baptême* qui fut l'un de ses premiers tableaux. Qu'on les revoie, vingt ans après, dans la *Résurrection*, un peu plus tôt le matin, au lever du jour, ne peut que confirmer l'intuition de leur importance. Collines, arbres, corps, nuages sont comme les éléments d'un espace essentiel. Il nous donne à voir la résurrection qui est justement ce qu'on ne voit pas, ce que les Écritures ne montrent pas, ce qui reste du domaine du mystère et accessoirement de la foi. Cela dit, les plus stupéfiants nuages passent dans la *Flagellation*, où nous avons affaire à une architecture et à un rêve mathématiques que n'a pas encore formulés Alberti. Ils *sont* plus qu'ils ne *passent* et l'on reste frappé par l'impassibilité du tableau : le sujet n'est plus l'épisode de la flagellation mais

Piero della Francesca, *La Flagellation du Christ*, vers 1463-1464, Urbino, Galleria Nazionale delle Marche.

OPVS PETRI DEBVRGO SCI SEPVLCRI

la peinture elle-même, c'est-à-dire le rythme des caissons et des tuiles, les vêtements de brocart azur et or, les nuages dans le ciel. Nuages impassibles pourrait-on dire, et pourtant ils créent une émotion supérieure.

Il y a pendant le Quattrocento et sur ses marges d'autres nuages plus modestes qui galopent dans ce paysage éclatant, et des machineries nuageuses qui servent à l'Ascension et font du nuage un instrument d'élévation. Il y a aussi quelques entreprises qui conservent leur part de mystère. À ce titre, le *Déluge* d'Uccello semble exemplaire par l'absence des nuages. Ce n'est pas le sujet, le vent oui, et le reflux des eaux, et la figure du *mazzocchio*, ce n'est pas non plus son truc, pas davantage que dans ses autres tableaux, où de toute façon (à part le *Saint Georges* de Londres) le ciel reste bâché, dispensant sur les batailles ou le miracle de l'hostie une lumière d'un autre temps.

Il y a par ailleurs quelques expériences assez prestigieuses, comme la *nuvola* et l'*oculus* de l'impitoyable Mantegna. Si la *nuvola* reste traditionnelle quelle que soit l'âpreté minérale du décor dans lequel elle paraît, l'*oculus*, ou *oculo di cielo*, est d'une nouveauté stupéfiante. On sait qu'il orne la chambre des Époux, et l'on devine qu'il est bien davantage qu'un trompe-l'œil avec ses *putti*, son paon, ses personnages, qu'il est même davantage qu'un tour de force. Au-delà de son nuage éminent, il pose un certain nombre de questions qui ne semblent pas résolues. Il y a donc cet *œil* qui regarde ceux qui le regardent (ou qui ne le regardent pas), posé sur une pièce de 8,08 x 8,08 m, la chambre des Époux, espace privé et espace public, doté d'un grand lit surmonté d'un baldaquin. Les époux sont Ludovico et Barbara, et l'ensemble de la chambre célèbre la gloire politique de la famille Gonzague, donc des enfants susceptibles de la perpétuer comme semblerait l'indiquer la présence sur un mur des anges dotés d'ailes de papillon qui sont, paraît-il, le symbole d'une éternité à laquelle rêve d'accéder le peintre déjà célèbre qui fait traîner les choses en longueur, environ dix ans. Pour son ciel, il multiplie les requêtes coûteuses en variétés de bleu. Sur le plan technique, la nouveauté de *l'oculus* réside dans la position des figures peintes du point de vue de l'observateur et dans le regard des personnages *di sotto in sù*. Le nuage décentré lui confère un pouvoir d'accélération. Les observateurs avertis y remarquent un visage. Moi pas. Sauf si je recours à une photographie en noir et blanc, agrandie. Un profil apparaît, est-ce celui de Mantegna ? Il s'est déjà montré/dissimulé dans la végétation d'un pilastre du mur ouest et il a déjà glissé dans un nuage du *Saint Sébastien* de Vienne l'image d'un cavalier. Et puis, au bord de l'*oculus*, un *putto* tient une pomme. S'il la lâche, il confirme les lois de la physique moderne.

Double page précédente : Andrea Mantegna, plafond peint dans la chambre des Époux du palais ducal de Mantoue, 1474.

Giovanni Bellini, *Madone au pré*, fin XVe-début XVIe siècle, Londres, National Gallery.

Dans la famille Bellini, vous avez le père (Jacopo), le frère parti à l'autre bout de la Méditerranée (Gentile), le beau-frère (Mantegna). Vous avez aussi le frère resté sur la lagune (Giovanni) dont la devise était « Deviens ce que tu es ». Il est le premier peintre dont les nuages envahissent les tableaux. Ils se répandent en général en bandeau plus ou moins continu aux deux tiers ou trois quarts du tableau, mince nappe de petits cumulus et cirrus. On les voit glisser, comme dans la *Madone au pré* le long du trône de la Vierge dite des Milices de la mer comme dans le *Couronnement de la Vierge avec saint Paul, saint Pierre, saint Jérôme et saint François,* autant de nuages colorés que de saints, à la fois dans le tableau lui-même, dans le tableau à l'intérieur du tableau, c'est-à-dire sur le dossier du trône, et dans les prédelles. On les voit même dans les portraits, que ce soit celui du jeune homme en vêtement rouge ou celui du jeune homme blond, dans le *Portrait* (présumé) *de Pietro Bembo*, où le visage et le paysage ont la même teinte que les nuages du ciel, comme si les nuages avaient déteint, comme si l'homme et la nature participaient du même principe. Grâce aux huiles et aux adjuvants qui permettent de mieux fixer les pigments, sa peinture acquiert une souplesse et une fluidité qui lui confèrent une luminosité sans pareille. Avec lui, les nuages entrent dans l'ère des nuances.

On doit encore concevoir à part les turbulences que Vinci a dessinées et les nuages qu'il a fait circuler. Vinci c'est une montagne. Arasse commence par signaler l'énorme bibliographie suscitée par Léonard, jusqu'à une mise au point fondamentale sur l'emploi de la locution « etc. » dans ses manuscrits. Dans son *Traité sur l'eau*, jamais achevé, il accorde une attention particulière à la question du mouvement des « corps pesants » et à la théorie des mouvements immatériels, qui auraient pu le conduire à développer longuement une théorie des nuages, d'autant que les formes en mouvement et le mouvement des formes excitaient au plus haut point sa curiosité. Mais il s'intéresse beaucoup plus à la pluie qu'aux nuages eux-mêmes. Il se passionne en particulier pour la violence des pluies, il multiplie les dessins de déluge, il dessine aussi un *Orage sur une vallée alpine* conservé à la bibliothèque royale de Windsor. Parallèlement, il écrit :

> *Une fois, vers le lac Majeur, je vis un nuage en forme de haute montagne tout en feu, parce que les rayons du soleil couchant, rouge sur l'horizon, l'avaient teint de couleur. Ce grand nuage attirait à lui tous les petits qui l'entouraient...*

Son travail l'amène à établir une analogie entre les mouvements de l'eau dans l'eau et les mouvements de l'air dans l'air, à traquer les remous qui en sont le mobile. Son *sfumato* donne une densité sans matière apparente à l'ensemble de ses figures et fonde le ressort d'un mystère essentiel. On est bien loin de la Toscane et des ciels de Piero. On est d'ailleurs loin de tout, c'est ce qui rend le mystère encore plus mystérieux.

Léonard de Vinci, *Tempête dans les Alpes*, vers 1503-1505, château de Windsor, Royal Library.

Un autre mystère n'échappe à personne, c'est Giorgione et en particulier les énigmes de *La Tempête* qu'il laisse derrière lui. Les historiens d'art y discernent une pensée du secret qu'il a cultivée à travers une dimension philosophique ancrée dans le mouvement humaniste. Long-

·137·

temps appelée « *La Famille du peintre* », *La Tempête* a donné lieu à de nombreuses exégèses. Si les allégories et les symboles restent difficiles à pénétrer, le tableau frappe d'emblée par sa lumière et par la sensation paradoxale d'absence. On aurait avantage à revenir à la première description, laconique à souhait, proposée vingt ans après la mort de Zorzi (Giorgione dans une prononciation moins septentrionale) : « Petit paysage avec orage, tsigane et soldat ». En guise de description minimale, on pourrait juste ajouter la dominante verte ou bleu turquin de la toile. Le ciel, le sol, la rivière sont « vert ». Quant à l'éclair, il déchire les nuages. Que ce soit une variation sur Adam et Ève chassés du paradis, pourquoi pas, quelle que soit l'intelligence de Giorgione l'important n'est pas là. On observe aussi le nuage-sphère à côté du « s » de l'éclair, la lumière derrière les nuages, la lumière au dos des feuilles d'arbres à l'arrière-plan, le très subtil nuage de poussière mêlé à l'air troublé conseillé par Vinci pour figurer un vent tempétueux, une *arrière-lumière* comme on dit un arrière-pays. Giorgione porte plus loin la déteinte du vieux maître Bellini grâce à un regard qui devient immédiatement couleur. On sait enfin que *La Tempête* a été achetée par Gabriele Vendarmin, gentilhomme vénitien humaniste, ami de Zorzi peut-être, compagnon des soirées réservées à un cercle étroit et fermé prompt à accuser Érasme de trahir « nos mystères » quand il publia ses *Adages*, la léguant à ses neveux dans un testament stipulant que *La Tempête* et son ciel représentaient « un peu de repos et de quiétude d'esprit au milieu des fatigues endurées dans le négoce ».

Giorgione, *La Tempête*, vers 1505, Venise, Galerie de l'Académie.

On le sait, le XVIe siècle marque un tournant. La diffusion de l'humanisme accélère le détour par l'Antiquité. Les sujets se renouvellent, les dieux olympiens négocient leur entrée dans les ateliers des peintres.

Allegri portait bien son nom. Il a pourtant adopté le nom de son village, Correggio, et il a contribué à la fortune artistique de Parme. Au point que Stendhal allait doter son héros Fabrice d'une « physionomie à la Corrège ». La volupté et le volume sont sa marque de fabrique. La coupole de Saint-Jean-l'Évangéliste est son lieu d'élection. On y voit le Christ dans son nuage au cœur d'un *oculus* auquel il a donné la forme d'un cylindre légèrement ellipsoïdal. On a longtemps cru qu'il s'agissait d'une Ascension alors qu'il s'agit de l'ultime vision de Jean au moment de mourir, où le Christ se manifeste en descendant vers lui. Il descend au milieu d'un cœur compact de chérubins jaune pâle, quasi invisibles, puis

jaune doré et ocre dans la proximité des nuages qui constituent – quand même – la grande affaire de la coupole. Ils sont volumineux, la division des touches accentuant la sensation de volume. Ils sont un enroulement de matière, ils acquièrent une masse qui – en termes de physique – leur confère une énergie. Ils semblent matériels, comme de la pierre ponce, comme de gros édredons absorbant les anges. Au centre, un ange a la tête littéralement dans les nuages. La couleur est rosée à la lumière et violacée (parme) à l'ombre. Corrège remet ça pour la coupole du Dôme. Il y ajoute les volutes de la fumée qui s'élève des candélabres. Enfin il a le temps de peindre avant de mourir, impromptu, l'extraordinaire *Io* où l'on aperçoit la main droite ennuagée de Zeus qui enceint la jeune femme dans une voluptueuse étreinte.

Titien, lui, ne se lasse pas de Danaé. La pluie d'or l'inspire. On a répertorié six *Danaé*. Toutefois elle ne rivalise pas avec Vénus (ou Aphrodite) qu'on retrouve à vingt-quatre reprises, dans des situations diverses il est vrai dont le lien réside en une apparence assez dévêtue. Vénus incarne la beauté, à la fois une beauté érotique chargée d'éveiller l'intérêt des acheteurs et la beauté de *ma* peinture, moi Tiziano Vecellio, *il più eccellente di tutti*, notablement supérieur à Botticelli dont la Vénus anadyomène me laissait froid. Cependant toutes ces toiles ne sont pas de sa main, il a trop de commandes, et l'atelier y pourvoit. Les six *Danaé* nous convient à l'amour. Ma préférée est celle du musée Capodimonte à Naples. Il l'ébauche en 1545, avant de partir à Rome avec son fils. Comme elle est destinée au cardinal Farnese, il l'emporte dans ses bagages. Elle se pro-

Ci-contre : Le Corrège, *Jupiter et Io*, 1530, Vienne, Kunsthistorisches Museum.

Page ci-contre : Le Titien, *Danaé* (détail), 1545-1546, Naples, musée et galerie nationale de Capodimonte.

mène ainsi sur les chemins poussiéreux d'une fin d'été, patiente durant les longues haltes dans les palais à Pesaro puis à Urbino où le duc lui offre sept relais de chevaux racés jusqu'à la Ville éternelle. Titien finit alors la *Danaé* qui enchante le cardinal, même si son émissaire avait dit devant l'ébauche qu'elle vous mettrait le diable au corps, tandis que Michel-Ange assez admiratif de la couleur reste très réservé sur la qualité d'un dessin auquel il accorde la primauté. Danaé n'usurpe pas sa réputation. Tout est là : la jeune femme, les draps et oreillers, un bout de ciel, le nuage d'or, et même Éros si on veut, rien ne vient nous distraire de ce divertissement. Titien sait se vendre. Il courtise Charles Quint, fait son grand portrait majestueux à cheval, 332 x 279 cm, il sait que l'empereur vieillit, il enchaîne avec le portrait princier du futur Philippe II en cuirasse, il engrange des milliers d'écus, il lui promet une *Danaé* au titre de « poésie », il la lui envoie un an après. Mais elle n'a plus la puissance de celle du cardinal. Ni le drap du lit, ni le ciel, ni le nuage ne nous bouleversent, encore moins la vieille servante qui a remplacé Éros et qui tend son tablier pour le remplir de pièces d'or, à moins qu'elle ne figure Titien à son corps défendant.

Zeus aussi excitait la virtuosité des peintres. Il empruntait à Athéna son stratagème pour apparaître à Ulysse. Il prenait la forme d'un nuage pour séduire Io, puis un autre jour (parce qu'il n'arrêtait pas de tomber amoureux) la forme d'une pluie d'or pour séduire Danaé. On devine le cycle des marchandises à l'œuvre. La toile représente du temps de travail matérialisé et elle prend une valeur d'échange. Elle se métamorphose en marchandise, puis de marchandise en or. Le peintre devenu riche se plaint des retards de paiement. Les lettres de réclamation qu'il adresse à Philippe II demandent explicitement la charité :

> *J'ai voulu en toucher un mot à Votre Majesté Impériale avec cette lettre, en espérant que l'esprit libéral du plus grand empereur chrétien que vous êtes ne voudra jamais souffrir que ses ordres ne soient pas exécutés par ses ministres (etc.).*

Véronèse préfère le rapt d'Europe par le dieu devenu taureau, et met tout son bric et son cœur dans le déroulement en trois à quatre temps de leur envol. Boschini le surnommait « *il pittor della vaghezza* ». L'expression doit être prise en bonne part. Il est celui qui sait peindre le « vague », l'indéfini, un état propre à la métamorphose, autant dire un *devenir*. Quand il représente des nuages, il les choisit soit striés soit massifs, le plus souvent striés en larges rideaux de scène. Dans le paysage de *L'Enlèvement d'Europe*, on admire le miroitement et les métamorphoses : le dieu Taureau, la robe, la mer, les nuages, le rapt, l'élévation, l'extase. Sur le plafond de la grande salle du Conseil au palais des Doges, le jeune Véronèse a peint *Junon versant ses bienfaits sur Venise*. À la satisfaction générale, il réunit – par le prisme d'un nuage – la déesse Junon et l'allégorie de Venise qui reçoit argent, couronne, bijoux. Il tend à réaliser l'équilibre entre les deux parties du tableau. Venise reflète Junon, l'or passe et ne passe pas à travers l'invisible miroir au centre de la toile.

Paul Véronèse, *Junon versant ses bienfaits sur Venise*, 1555, Venise, palais des Doges.

Dans la salle voisine, *La Dialectique* triomphe. Peu après la bataille de Lépante, le doge charge Véronèse de la décoration du plafond de la salle du Collège. Deux ans plus tard, les peintures sont enchâssées entre les corniches végétales ciselées par Francesco Bello. Trois grandes compositions dominent le ciel collégial, racontent la puissance vénitienne alors même que le déclin s'amorce. Sur la troisième, Véronèse représente Venise en « *globo volante, luce nella luce* ». Huit allégories les encadrent. Avec *La Dialectique* nous retrouvons Minerve qui s'y connaît en *nuage*. Mais « la Dialectique » est aussi bien « l'Industrie ». Elle a en vue et pour champ d'action le devenir, le changement, les métamorphoses. Son pouvoir réside en son aptitude à anticiper, en art ou en politique. Quant à la peinture, elle repose sur peu d'éléments : la toile d'araignée, le panier, la robe et le marteau, les nuages. Que ces éléments soient pour une part symboliques et qu'ils soient réunis par une cohérence subtile ne saurait étonner. La racine grecque *gurgathos* vient le confirmer. Elle signifie aussi bien corbeille d'osier et toile d'araignée, et elle ouvre sur le thème « tourner en rond » qui nous renvoie encore aux nuages dans un siècle qui a découvert que le globe est une sphère. Ici les nuages – infiniment réels – rebondissent sur l'horizon clos et renversé du T comme leur ombre passe sur le manteau et la robe de la jeune femme. De là peut-être cette impression que *La Dialectique* est suspendue, non pas adossée comme ses quatre voisines, au plafond du Collège.

En grands maîtres, Titien et Véronèse avaient donné une leçon de nuage. Tintoret c'est une autre histoire, magnifique mais plus sombre. Avant eux, les peintres lombards avaient notablement bleui les ciels, représenté les montagnes des Alpes et les brouillards de la vallée du Pô. Après eux, d'autres peintres vénitiens rameuteront les nuages roses dans le reflet des canaux de la Sérénissime. Plus au nord, les hommes formés aux lumières des mers froides et des forêts épaisses, taraudés par les frondaisons de la mélancolie, partagés entre le luxe des croyances catholiques et une humilité induite par les préceptes réformés, auront depuis un siècle exploré des horizons où la peinture malgré ses dons était soumise à des impératifs moins éclatants.

Paul Véronèse, *La Dialectique*
(détail), 1575-1577,
Venise, palais des Doges.

DU NUAGE DES LUMIÈRES

Que les Lumières aient connu leur heure de gloire au XVIIIe siècle ne devrait pas empêcher d'en saisir les prémices bien avant, dans cette lumière de la raison élaborée par les philosophes selon des méthodes avoisinantes, dans la lumière affranchie par les peintres européens, lumières déjà au pluriel, plus ou moins chargées de nuages naturels. Helvétius pourtant sera davantage sensible aux premières qu'aux secondes décrétant sans appel, mais un peu vite : « Tant qu'ils s'obstineront à regarder les cieux, les hommes trébucheront sur terre. »

Shakespeare regardait beaucoup le ciel et il ne trébuchait guère plus que sa reine Élisabeth Tudor. Il y voyait naturellement des formations nuageuses qui imitaient des images de dragon et d'ours et de lion dans *Antoine et Cléopâtre*, des images de chapeau, belette, baleine dans *Hamlet*, et qui tenaient au pouvoir d'illusion. Il chargeait même Edmond d'attaquer les superstitions ridicules dans *Le Roi Lear*. Il esquissa aussi, par le biais de Prospero, une comparaison entre la fabrique des nuages et les acteurs de ses pièces, puisque « nous sommes de la même étoffe que les songes ». Mais son nuage conserve un aspect sombre sinon tempétueux. Il n'y a pas trop de place pour les légers nuages « bouclés ». Ils ressemblent davantage à des nappes qui charrient une pluie violente et tenace. En soi, il est souvent noir, sale, « amas de vapeurs pestilentielles » prêt à « pisser sa liqueur », épais comme de la poix. Il correspond à notre humeur biliaire, apparaît comme la forme et l'enveloppe de la mélancolie. C'est vrai d'Hamlet qui paraît avec ces « nuages qui planent sur [son] front », dit le roi, des nuages qui ont des « couleurs nocturnes », dit la reine, qui symbolisent la tristesse du deuil, c'est vrai de Laertes qui « s'enferme dans les nuages », l'un et l'autre assignés sans rémission du côté du trouble. Le même trouble, on le retrouve à la racine du mot *cloud*, longue liste de personnages shakespeariens troublés en leur âme, jusqu'à Macbeth qui converse avec des sorcières déguisées en bulles fondues associées à la nuit et à la tempête, jusqu'au roi Lear qui tend devant les lèvres de Cordelia un miroir terni dont l'embuement signifierait pourtant un souffle de vie.

Rien de tempétueux chez Vermeer. Il aura fallu attendre deux siècles pour qu'on découvre la *Vue de Delft*, son petit pan de mur jaune devant lequel meurt un personnage de Proust, ses écharpes de nuages immobilisées dans une lumière perlée. On conçoit déjà que les nuages sont composés d'infimes perles d'eau et les savants hollandais disposent des lentilles nécessaires pour étudier la diffraction de la lumière. Pour l'essentiel, on le sait, Vermeer a porté son regard et ses pinceaux vers des scènes dites d'intérieur où la lumière vient d'abord du dehors. L'hypothèse des nuages demeure à l'arrière-plan, dans une perspective de pure géographie intérieure, soulignée par des cartes et des globes terrestres incitant à la rêverie plutôt qu'au commerce des marchandises exotiques dans le cadre béni des Provinces-Unies. Cela dit, on en voit. Ils ont la particularité d'être associés à la musique. On les a dans *La Lettre d'amour* où l'amoureuse tient d'une main le billet et de l'autre une guitare, dans *La Joueuse de guitare*, dans *Le Concert*, et dans *Femme debout devant son virginal* qui est une épinette, autant dire un clavecin. On ne les a que là. Ils sont encadrés, strictement délimités, accrochés au mur ou peints sur le couvercle du clavecin. Ce serait une autre façon d'entendre le bruit des nuages, un bruit de fond, leur douce sonorité pour être exact.

Vélasquez a planté sa tente aux antipodes de Vermeer. Il naît sous « le ciel de soie d'un été andalou », au tout début du règne d'un monarque minable qui n'était plus que l'ombre sans épaisseur d'un père hanté par le noir. Il commence à badigeonner quand meurt ce tocard velléitaire et paresseux. Il monte à Madrid faire le portrait du nouveau roi. « Jusqu'à présent personne n'avait su peindre Sa Majesté. » Sa fortune est faite. Philippe IV a pourtant la trogne ingrate de son arrière-grand-père, blême, prognathe, sans posséder le moins du monde son art de gouverner. Mais il aime la chasse et les arts. Il protège son portraitiste, il le nomme maître de logis du palais et lui accorde son amitié. Vélasquez le lui rend bien. Il devient peintre de cour, il rapporte une grande part de sa peinture au petit monde du Buen Retiro, roi, reine, princes, infantes, nains, bouffons, mais c'est la plus belle part. Ses dons lui permettent d'amener la peinture où elle ne s'était jamais aventurée, robes, coiffes, voire nuages, encore que les coiffures soient des espèces de nuages avec leurs boucles, leurs rubans, leurs papillons, tout un cosmos miniature. Sinon observez le nuage entre les sabots du cheval dans le *Portrait équestre du duc*

Jan Vermeer, *Femme debout devant son virginal*, vers 1672-1673, Londres, National Gallery.

d'Olivares, admirez le *Portrait équestre du prince Baltasar Carlos* peint un an plus tard. Baltasar Carlos c'est l'héritier du trône, sur sa jument, les rênes dans une main, et dans l'autre son bâton de maréchal qui touche les nuages soutachés de rose bouffant dans un ciel vert. C'est l'enfant prêt à dominer le monde et – autant que faire se peut – à commander au ciel comme son arrière-arrière-grand-père Charles Quint.

À côté, Poussin semble appartenir à un autre siècle, celui de l'arrière-grand-père. Que sa peinture soit souveraine, aucun doute, et elle plaît beaucoup aux cardinaux, mais à première vue elle ne semble pas renouveler le champ pictural et l'on s'y ennuie un peu. Ses sujets

Page ci-contre : Diego Vélasquez, *Portrait de l'infante Marie-Thérèse* (détail), 1651, New York, Metropolitan Museum of Art.

Ci-contre : Diego Vélasquez, *Portrait équestre du prince Baltasar Carlos,* 1635, Madrid, musée du Prado.

reprennent le fonds antique et l'adaptent à la raison dominante. Malgré tout, ses ciels lui assurent la célébrité même s'ils paraissent sur un fond plat et assez uniforme derrière la ligne d'horizon ou des bois ou des forêts, lointains, mis à distance, espèces d'échos d'un âge d'or ou d'un paradis perdu. La lumière y est liée aux nuages et à des anges gris perle qui traversent le ciel comme des hirondelles. Quelques amateurs y ont discerné l'indice d'une fêlure de l'âme. Mais ses nuages ne décollent pas, nous laissent en panne entre notre monde et le pays de cocagne, moins immobiles que figés pour un lever de rideau sur un théâtre d'ombres.

En matière d'ombre, Rembrandt est à coup sûr le maître. Et j'aurais parié pas mal de vieux florins qu'on chercherait en vain un nuage chez lui. Sa peinture me donne *a priori* raison.

Page ci-contre : Nicolas Poussin, *Paysage avec Agar et l'ange* (détail), 1660, Rome, Galerie nationale, palais Barberini.

Ci-dessous : Rembrandt, *Paysage aux trois arbres*, eau-forte, 1643, Chantilly, musée Condé.

Épaisse, incandescente, elle brûle plus qu'elle ne flotte. Ses paysages, bibliques, ne prêtent guère plus d'attention aux composantes du climat que les personnages qui s'y meuvent, aux prises avec une histoire assez ardue. Une eau-forte, en revanche, nous offre un paquet de nuages stupéfiant. Voici donc le *Paysage aux trois arbres*. La pluie d'orage est en train de passer. Elle est rendue par des hachures, des estafilades obliques. Le brunissage de la plaque de cuivre favorise l'impression de ciel humide. Au-dessus des trois arbres, la pointe sèche griffe des nuages clairs. Il est révélateur que l'eau-forte donne lieu à une interprétation romantique, subtile mais excessive, qui y voit une sorte de prélude à la *Symphonie pastorale*. On aperçoit un petit bonhomme assis sur la butte, un chapeau hollandais sur la tête. Il nous tourne le dos. Il regarde et il dessine peut-être la vue qu'il a sous les yeux, la campagne, la mer, le ciel, difficile à dire, avec un peu de chance les trois à la fois. Il est un précurseur de Constable, on le verra bientôt.

En attendant, Tiepolo le bienheureux a aussi partie liée avec les nuages. À son tour, il décide de s'y atteler, c'est bien le verbe au vu de tous ses attelages d'animaux et de dieux, et de gondoles qui se balancent sur le Grand Canal. L'esquisse pour *Le Triomphe d'Hercule* révèle à la fois sa connaissance du répertoire, son talent pour étendre la dimension nuageuse et lui conférer un timbre léger à partir d'une palette dominée par le blanc de céruse et le jaune de Naples, son aptitude à saisir la vertu d'une lumière ambiante et mobile qu'il apprivoise en laissant jouer la configuration des lieux. Les voûtes du Treppenhaus de Würtzburg confirment cette intelligence. Pour trente mille florins, il résume les quatre continents et des histoires de vendeurs de perles et de chasseurs de tigres sous des nuages conçus comme des éponges qui absorberaient la lumière. En dernier ressort, son intérêt réside dans sa tentative d'orchestration de l'ordre et du désordre. Ici on peut penser aux concertos de Vivaldi et pourquoi pas – malgré leur envoûtante sobriété – aux fugues de Bach.

Kant, on l'a vu, n'hésite pas à mettre le nez dehors et à lever la tête. En revanche, il n'a pas l'air passionné par les nuages. Dans sa *Géographie*, les vents occupent une place majeure, les nuages ne font qu'une apparition mineure. Il paraît davantage tourné vers les masses d'air, qu'elles soient ou non nuageuses. Il les évoque néanmoins à travers les phénomènes de tempêtes, cyclones, ouragans, typhons. Il perçoit même le nuage immobile (l'œil du cyclone) et la variété propre aux typhons qu'il compare à des trompettes. Il est sensible à leur couleur qu'il juge « horrible » et qu'il tente de préciser : 1) une pâle couleur de feu ; 2) rouge cuivré ; 3) noir. À croire que les rivages baltes et l'arrière-pays prussien disposent d'un éventail de couleurs limité. S'il néglige leur valeur, il s'attache davantage à leur effet, comme en Sierra Leone où « les Nègres s'enfuient devant la pluie comme devant le feu ».

Tiepolo, esquisse pour *Le Triomphe d'Hercule* (détail), anciennement au Palazzo Canossa, Vérone, vers 1761, Manchester, New Hampshire, Currier Gallery of Art.

Le mot « nègre » ne figure pas dans le dictionnaire de Furetière mais à l'article « Noir » on peut lire que les Mores ont le visage comme les plumes des corbeaux et qu'un froid noir est un froid causé par des brouillards et des nuages (ce qui se discute). Les trois tomes du Furetière sont entrés assez tard dans les rayonnages de ma bibliothèque, bien qu'ils soient parus en 1690, à l'époque du Roi-Soleil, mais ils y occupent une place de choix. En revanche, la

Double page précédente :
(gauche) John Constable, *Étude de nuage*, 1821, Yale Center for British Art, coll. Paul Mellon, États-Unis.
(droite) John Constable, *Étude de nuage, horizon d'arbres*, 1821, Londres, Royal Academy of Arts.

John Constable, *Étude de nuage*, vers 1821-1822, Londres, Victoria & Albert Museum.

John Constable, *Étude de nuage*, 1822, Londres, Sotheby's.

part qu'ils consacrent au nuage est mince : quatre lignes seulement. On peut lire : « Nuée épaisse. Quand le ciel est couvert on ne peut observer les astres. » Le point de vue est intéressant dans la mesure où il fait des nuages un écran. Quatre lignes qui indiquent aussi que « le soleil paraît plus beau au sortir d'un nuage » et qui traduisent un souci de précision autant qu'une sensibilité précoce. Ensuite, en un paragraphe à peine plus long, il signifie les figures : passions ou ignorance qui nous empêchent de découvrir la vérité et la nature des choses ; notre faiblesse serait de ne voir qu'à travers des voiles (ou des nuages) ; pareillement l'amour est un nuage qui offusque notre raison. Ici le brave Furetière fait moins preuve d'un sens poétique qui pose l'amour comme nuage que d'une conception raisonnable du sentiment amoureux. Encore qu'à l'article « Amour », à peine une colonne, dérivés compris, il note : « Se dit principalement de cette violente passion que la nature inspire aux jeunes gens de divers sexes pour se joindre, afin de perpétuer l'espèce. »

À côté des trois tomes du *Dictionnaire universel*, j'ai rangé les cinq volumes de l'*Encyclopédie* (de Diderot). Un article du chevalier de Jaucourt, qui en fut la cheville ouvrière, se colle au nuage parce qu'aucun autre collaborateur de renom n'a trouvé le sujet assez intéressant. L'article est rapide : « Ce n'est autre chose qu'une petite nuée. Voyez NUÉE. » Sinon le nuage renvoie à l'œil, ce qui est bien vu (bien pensé), mais du côté de la médecine où il désigne une ulcération. Son arrivée en français est tardive, 1564, un lustre après que le roi Henri II a eu l'œil ulcéré par une lance qui l'a envoyé au ciel. Mais dès 1549 *nuageux* avait ses entrées dans le dictionnaire, l'adjectif avant le nom, pourquoi pas. Auparavant *nuée* valait pour nuage de grande dimension. Alors *nuage* a nommé les nuages de

John Constable, *Étude de nuage*, 1821, Yale Center for British Art, coll. Paul Mellon, États-Unis.

petite dimension, ceux qui nous emballent depuis la haute enfance, légers, blancs. Sous cet angle j'y discerne la naissance du monde moderne. Diderot s'y intéresse au détour des *Salons* et, si on veut, dans ses lettres à Sophie Volland où une nuit sa plume – entre deux phrases – va à l'essentiel : « Partout où vous verrez du blanc mettez le mot amour. » Et pour finir, le chevalier présente à ses lecteurs par souscription cette occurrence rare : nuage est un des noms marchands du cône tulipe, qui est une coquille univalve, originaire des mers de l'Inde. On pourrait croire qu'on s'éloigne du sujet, non, bien au contraire, le sujet est là, Hölderlin et Baudelaire n'ont plus qu'à jeter leur poignée d'étincelles.

Les nuages ne nous ont pas attendus pour passer dans le ciel de Paris, de la Souabe ou de la Sierra Leone. Simplement il aura fallu attendre que le vieux garçon absorbé par les livres de philosophie nous donne la *Critique du jugement* pour qu'on voie en quoi ils correspondraient à quelque chose de *beau*. Il développe l'idée que la forme émerge de la diversité du sensible, des données qu'elle nous procure à travers un lot infini de perceptions. Il s'attache à ce qui se fait et se défait sans cesse, au jeu d'une forme toujours en métamorphose, à l'imagination qui relie ces données sensibles à la connaissance, qui dissipe le brouillard des pensées, de sorte que le sensible devient pensée, une forme qui surgit et qui revient au sensible par un mouvement de va-et-vient. Pour lui, ce jeu (ce flottement) entre la faculté de sentir et la faculté de penser établit le « beau ». Autant dire que le *nuage* occupe une place stratégique.

L'année où l'âme de Kant monte au ciel, le pharmacien quaker Howard établit la première classification des formes nuageuses. On l'imagine préparer des potions pour les patients, s'affairer au milieu des vapeurs et des couleurs qui se mélangent et se transforment, rêver à ce qui se dissipe et s'évapore, on l'imagine préférer ces substances impondérables à l'ennui de tenir des comptes stricts pour calculer combien de grammes ajouter à la potion, on l'imagine encore se promener dans la campagne londonienne, ravi par le spectacle des nuages qui ne contredit en rien sa religion sévère. Au contraire, il applique cette rigueur au classement des nuages auxquels il donne des noms latins comme dans la pharmacopée. Il se met au service des nuages. Goethe passera commande. Howard s'efface. Il est apothicaire, il n'est pas peintre.

Constable c'est le grand bonhomme. D'autant qu'il fait sa popote tout seul, dans son coin. Il est le premier à s'attacher délibérément aux nuages, à les étudier, les cerner, les reproduire en eux-mêmes, d'après la classification toute récente établie par Howard. Il peint depuis que son père l'a autorisé à suivre sa « chimère » et que les vieux professeurs l'ont admis, lui le fils de meunier, à l'École royale de Londres. Il commence par exposer un *Paysage*, puis il s'en va plein nord au lieu de recourir au traditionnel Grand Tour en Italie auquel souscrit encore Turner. À l'automne 1806, il séjourne dans le Lake District où il observe la richesse des formations atmosphériques. Il ne fréquente pas la cohorte des grands et petits maîtres fiers de poser en artistes « à sujet », c'est-à-dire « à histoire », et il choisit de représenter par empathie le paysage qui l'a fait peintre, la campagne de son enfance, en East Anglia, postulant que « peindre n'est qu'un autre mot, synonyme de sentir ». Pour gagner les livres sterling nécessaires à nourrir une famille, il brosse bien quelques portraits mais il sait que son « sujet » à lui ce sont les nuages et qu'ils formeront à la longue une espèce d'autoportrait. Il a l'idée de représenter un paysage immense sur un support de quelques centimètres carrés, de « faire quelque chose avec rien ». En même temps qu'il s'applique, que sa main mêle les couleurs sur la palette, que ses yeux vont et viennent du ciel aux quelques centimètres carrés avec d'infinis scrupules, il tourne le dos à la tradition d'un art d'imitation, et se retrouve donc, un peu surpris, devant ses papiers ou ses toiles qui lui paraissent adéquats à son sentiment et où il croit bien percevoir un accent neuf. En fait, il donne corps à un être poétique qui en fait un frère d'armes de Hölderlin. Mais il peint selon une vision très anglaise, héritée de la pensée ontologique de Hume, où identité et diversité d'un « moi » figurent dans la singularité de chaque instant.

Les étés 1821 et 1822, la quarantaine entamée, il campe sur la colline de Hampstead et accumule une large centaine d'études de nuages, un *skying* traduisant une opiniâtreté sans faille, des études qui s'imposent comme des œuvres en soi où le « ciel » devient l'élément non seulement essentiel mais unique de la représentation après que les arbres voire l'horizon et même les oiseaux ont disparu. Parfois il note – au dos – des indications, jour, heure, température, vent, ou « après la pluie », pour les distinguer et les répertorier, conscient que c'étaient pourtant les mêmes nuages comme c'était autrefois le même fleuve sous les yeux d'Héraclite. Son approche est physique autant que métaphysique, ses nuages balaient le ciel comme le pinceau balaie la toile, par touches longtemps vives voire épaisses puis de plus en plus légères, aériennes, avant que les dernières ne deviennent sombres et tourmentées. Il choisit des huiles, sur toile et sur papier, plutôt que des aquarelles, qui avaient démontré la puissance de l'empire colonial anglais, maître des mers, de la gomme arabique et de l'indigo, attentif à un commerce favorisant un élargissement du cercle des artistes aux amateurs éclairés de la *gentry*, ravis d'apprendre l'aquarelle en dix leçons prodiguées dans des manuels financés par les marchands de couleurs. Constable fixe ce modèle qui ne cesse de bouger, de se métamorphoser, il s'intéresse au *détail* du nuage, de chaque nuage, y voyant un *ensemble*, en transposant ce mélange de clarté et d'opacité qui le définit, saisissant l'objet mobile sur le fond immobile, multipliant les *cloudscapes* qui sont à la fois des paysages et des échappées, somme toute il fait entrer le temps sur ses toiles et ses feuilles de dessin, pas seulement le temps météorologique, le temps chronologique également, le passé (« après la pluie ») et autant le futur (engagé par le simple fait que nous contemplons ces formations révolues depuis deux heures, deux jours, deux ans ou deux siècles) dans le présent qu'il étirait et condensait à la fois, assez mystérieusement, retrouvant sans coup férir l'ambitieuse vocation de la peinture qui, à défaut de donner à voir l'infini, peut toutefois le suggérer.

Il ne viendrait à personne l'idée de mésestimer les talents de John Mallord William Turner, ni même ce qu'on appelle son génie. Mais ce fameux génie, salué par Thackeray, décrié par les abrutis du *Blackswood's Magazine* et de *Punch* qui défendent le goût établi, admis ensuite par tout le monde, il ne l'a pas reçu en héritage même si son père appliquait sur ses toiles la couche de vernis finale à sa place, il ne lui est pas tombé du ciel lors de ses premiers voyages à pied dans les îles Britanniques et sur le continent, il n'en fait pas la démonstration tant qu'il se complaît dans l'ambiance romantique où ses paysages nuageux ne font pas le poids face aux *cloudscapes* de son cadet, il n'en témoigne que par à-coups qui lui valent déjà quelques solides attaques. À force d'insister dans la voie improbable qu'il entrevoit et qu'il ne cesse de frôler dans ses gouaches et aquarelles, il y accède sans doute au cours de son voyage de 1836 vers Turin en compagnie de H. A. J. Munro de Novar, propriétaire et peintre amateur écossais. *Val d'Aoste*, aujourd'hui à Melbourne, est une toile stupéfiante. D'un coup, il porte la peinture et le nuage plus loin, ailleurs, vers Bonnard et Rothko, vers *Intérieur à Petworth* l'année suivante, étonné lui-même par ce qui avait surgi sous son pinceau après avoir passé une première couche de vermillon et s'être lancé avant qu'elle ne sèche. Et puis, bien sûr, il peint ce tableau incroyable auquel il donne un titre incroyable, *Pluie, Vapeur et Vitesse – le chemin de fer du Great Western*. Il n'hésite pas à louer le chemin de fer, lui qui avait usé ses semelles sur les chemins et s'était rompu les os dans des carrioles et des diligences mal suspendues. Il admire la locomotive « Firefly Class » et le pont métallique de Maidenhead sur la ligne Bristol-Exeter, il se penche à la fenêtre, il se remémore, il peint *Pluie, Vapeur et Vitesse*. Ensuite, il se retranche d'un monde qui n'a pas souhaité l'anoblir. Il s'installe à Chelsea, sous un nom d'emprunt, Booth, se faisant passer pour l'officier de marine en retraite dont il aurait aimé endosser l'uniforme, buvant comme un marin revenu à quai, deux litres de lait par jour et autant de rhum, prenant ainsi sa revanche contre les abrutis de *Punch*, ne négligeant pas le gin, se débattant contre les relents de cette « cuve de farine » injurieuse qu'on lui avait jetée à la tête naguère pour l'atmosphère d'un ciel blanc, s'effaçant pour de bon avec l'Exposition universelle.

De l'autre côté de la mer, Friedrich est le pendant de Turner. Mais c'est évidemment un autre monde, un autre rapport au monde, un paysage philosophique plus âpre, des traditions gothiques. Son *Voyageur contemplant une mer de nuages* est universellement connu, comme *La Mer de glace* ou *Le Naufrage*, au point qu'ils sont devenus des archétypes de la réclame contemporaine, tee-shirts, pochettes de disques, tasses de café. Qu'on ne vienne pas me chercher noise si j'évoque le choc provoqué – à treize ans – par la mort de son frère noyé en faisant du patin à glace, si j'ai trouvé dans une lettre à un autre frère ce conseil : « Garde-toi de montrer que tu as un cœur à ce genre de personnes froides et sans cœur, revêts-le d'une pellicule de glace contre eux, mais contre eux seulement », on devine la hache pas loin, et l'on ne risque pas d'oublier sa fascination pour ce qu'il appelle le grand drap blanc de l'hiver. La nouveauté bien sûr est de se trouver au-dessus des nuages, même si ce diable de Vinci avait déjà tracé la voie. Elle est le fait géographique du promeneur et le fait pictural de l'artiste, proposant un nouveau point de vue, révélant un sens aigu du paysage de montagne, dominant les blocs gréseux de Thuringe quand Saussure partait à l'assaut des granits du mont Blanc. Friedrich fait cependant régner une atmosphère souvent inquiétante, aggravée par une précision hallucinante du trait et parfois par la technique de la coloration sépia, avec un ciel souvent blafard et des

Joseph Mallord William Turner,
***Pluie, Vapeur, Vitesse*, 1844,**
Londres, National Gallery.

Caspar David Friedrich, *Voile de nuages*, vers 1820, Hambourg, Hamburger Kunsthalle.

nuages lugubres. On reconnaît d'emblée sa marque aux variations d'homme(s) de dos face à la mer et au ciel, en général aux heures ténues de l'aurore et du crépuscule. On la reconnaît aussi à son intérêt pour les brumes, pour le brouillard, pour toutes les variétés du nuage qui tiennent à la fois du voile et de la transparence et constituent un défi pour le peintre, pour un élément qui fait apparaître et disparaître le monde, à volonté, sur un mode susceptible d'introduire au sublime. Étrangement, une ou deux exceptions, qui sont des huiles sur toile de petites dimensions datées de 1824, *Nuages* et *Le Soir*, offrent une lumière méridionale et dorée. Quant au *Moine au bord de la mer*, il intrigue. Avec le moine, on voit rôder la légion des écrivains romantiques. Sans le moine, ce serait une préfiguration de *La Porte-Fenêtre* de Matisse, en rétrécissant le ciel et en la tournant de quatre-vingt-dix degrés.

Dans l'acuité mentale qu'on a appelée sa folie, Hölderlin trace au passage ces deux vers évidents dont personne ne peut dire qu'il n'en a pas fait lui-même l'expérience :

Des nuages voguent en paix, très haut. L'année
S'attarde, comme prise à sa magnificence

Il signe Scardanelli, met la date du 9 mars 1840, s'attarde à son tour sous ce ciel adorable moitié grec moitié allemand, campe aux antipodes de Friedrich bien que « le ciel [soit] comme la maison d'un peintre quand il montre ses tableaux ». Il lui reste trois étés à s'attarder. Il demeure inclassable. Quarante ans auparavant, il a été Hypérion où, « couché parmi les fleurs », il considérait les « nuages dorés ». Puis il fut Empédocle, le même garçon, exalté à considérer l'énigme des nuées. Un jour, sur la haute route, il a admiré « les brebis » dans leur pâturage céleste. Il a beaucoup levé la tête, pas comme Kant ni son copain de classe Hegel, il a beaucoup erré sous l'archipel des cieux et a adoré ces « flottants messagers » des dieux qu'il appelle et tutoie par un noble vocatif. Toute sa vie, la première et la seconde, il a rêvé d'être ce messager et il a même voulu être une comète, et c'est pour avoir succombé à un rêve trop intense dans la première qu'il a versé dans la folie. À force, ce nuage mélancolique a pris la forme du souci que le poète a vocation à porter dans son « habitacle transitoire ».

Caspar David Friedrich,
***Moine au bord de la mer*, 1809,**
Berlin, Staatliche Museen.

D'UN OU DEUX NUAGES [FRANÇAIS]

Le souci, Baudelaire connaît. Il ressurgit sous le signe de deux nuages. Il y a celui du couvercle (gris) qui plombe un quotidien malheureux et celui des tropiques (coloré) qui nous élargit l'esprit. Qu'est-ce qui les rend si *merveilleux* ces nuages du premier des poèmes en prose du *Spleen* ? À part le fait d'être suspendus, posés entre quatre fois trois points de suspension [...], douze comme le nombre de pieds dans un alexandrin et comme le diamètre de l'infini dans *Mon cœur mis à nu*.

On ne fait jamais rien de décisif avec la biographie d'un écrivain pour comprendre son œuvre. Mais parfois l'occasion est trop belle pour la rater. Bien sûr, on connaît ce voyage à l'âge de vingt ans dans les mers du Sud sur le *Paquebot-des-Mers-du-Sud*, un voilier à trois mâts et dunette, aux gros clous en cuivre, placé sous les ordres du capitaine Saliz, même si Baudelaire l'abrège, renonçant à la découverte de l'Indoustan, prompt à rentrer, épaté par les cieux malgré son silence à ce sujet (dit-on), si toutefois on n'en considère pas les vestiges monumentaux dans ses poèmes et ses proses. Mieux. On connaît moins cette lettre à son frère. Il n'a pas encore onze ans, il roule vers la capitale des Gaules, il a déjà un style assez renversant avec son petit côté stendhalien :

> *Ayant mis mon petit bonnet de soie, je me laissai aller sur le dos de la voiture et il me semble que toujours voyager serait une vie qui me plairait beaucoup.*

Tout est dit. C'était le soir du 1er février 1832, et il répète qu'il est turbulent, « toujours en mouvement ».

Enfance et nuage se retrouvent dès le premier poème des *Fleurs du Mal* où c'est « l'Enfant » qui « cause avec le nuage ». La haute enfance n'est pas si éloignée, qui laisse remonter le souvenir du berceau initial, d'un état paradisiaque perdu sans rémission, « déshérité », Baudelaire y puise un désespoir implacable. Quant à voyage et nuage, ils se tiennent, pas seulement par la rime. Il faut une volonté peu commune pour partir (s'arracher, appareiller, etc.). Dans le poème éponyme, « Le voyage », qui clôt l'édition de 1861, les *vrais* voyageurs sont « ceux-là dont les désirs ont la forme des nues », ils ont le cœur léger, comme un ballon (écrit-il), ils vont au bout du monde et même *ANYWHERE OUT OF THE WORLD*, ils ont vu « l'attrait mystérieux (des paysages) que le hasard fait avec les nuages ». L'élève du lycée Louis-le-Grand remarquerait sans peine que le mot « mystérieux » se situe à mi-chemin du « merveilleux » et de l'« énigmatique » qui désigne « L'Étranger » aux douze points de suspension.

Ensuite l'enfant grandit. Le nuage prend une dimension érotique qui culmine – par défaut – dans la chevelure (« Ô toison, moutonnant jusque sur l'encolure ») sinon dans le duvet ou la touffe du sexe, voire les volants de gaze sous la robe côté crépuscule. Le nuage gonfle encore dans la dimension des paradis artificiels. Le hachisch fait planer et procure le *kief* (d'où viendrait le verbe *kiffer*). C'est ce que Baudelaire appelle jeter sa personnalité aux quatre coins du ciel où revient la figure obsédante d'Icare. Grâce à cette expérience, « vous vous sentirez vous évaporant », et cette espèce d'évanouissement rend possibles la rêverie et les rêves où vous aurez l'occasion de voler, nager, voguer, flotter, voltiger. Le *faux* voyageur gravite alors dans des horizons vaporeux qui sont de l'ordre de l'expansion, de la dilatation, mais aussi sans aucun doute de la condensation. Ils expriment un « phénomène ondulatoire » qui dit ouvertement le vers lui-même, la ligne, la mer, autrement le nuage. Il s'agit d'« élire domicile dans l'ondoyant [...] le fugitif et l'infini ». Le nuage serait donc l'habitacle transitoire de son compère Hölderlin.

Baudelaire se méfie un peu du désir d'enfiler le gilet noir du peintre. Il n'en salue pas moins les études de Boudin, qui valent une pipe d'opium, et le génie de Delacroix qui tient à son pouvoir de traduire « l'impalpable », ce « je-ne-sais-quoi » qui nous hante. L'impalpable est le propre du nuage et justement Baudelaire reprend l'adjectif à leur propos, s'extasiant devant leur architecture mobile, leurs décidément merveilleuses constructions. Pour autant, il ne se berce pas d'illusions. Les seules pour lui sont celles que dispensent les drogues et peut-être la littérature.

On n'imagine pas Littré grand amateur de hachisch. Dans son dictionnaire, il donne d'abord la prononciation : « nu-a-j' ». Elle est en elle-même merveilleusement suspendue, par ce « j' ». Elle l'est aussi par ce « u-a » qui le précède et en étend la sonorité. L'article ramasse sa définition : « Amas de vapeurs vésiculaires suspendues dans l'air, qui troublent le bleu du ciel sous forme de masses blanches, grises ou noires. » L'approche témoigne d'un progrès flagrant, d'un regard neuf. Il y a de quoi rêver (surtout si on échappe à la tentation d'aller dans le volume IV éclairer les vésicules). Je retiens l'amas, les vapeurs, la suspension, le trouble, la condensation, tout ce qui l'attelle du côté de la poésie, et je m'étonne qu'il ne voie pas encore les nuages roses et mauves que j'ai observés si souvent, sans même avoir à mettre les pieds dehors, par un simple regard à travers la fenêtre. Ensuite, l'article propose des citations où je relève, au passage,

Eugène Delacroix, *Étude du ciel nuageux*, vers 1824-1826, Paris, musée du Louvre.

madame de Sévigné dont il y a tout lieu d'admirer la langue : « On prend le moment d'entre deux nuages », et le sage Buffon : « Les nuages sont généralement plus élevés en été. » J'y retrouve aussi le colonel Ségur qui écrit à Moscou à l'automne 1812 : « Le 6 novembre, le ciel se déclare [...] c'est un nuage immense qui s'abaisse et fond sur elle en gros flocons de neige. » L'article du Littré propose à la suite les autres sens du nuage. Il indique au fig. : ce qui menace (comme la pluie dans le nuage) ; ce qui offusque la vue – les citations font alors comparaître les sauterelles et les flèches ; ce qui voile l'intelligence, ce qui conduit aux doutes, aux ennuis et aux

ténèbres. La langue avance, chargée de tous les feux des siècles, le XVIe échevelé du cavalier Montaigne et le XVIIe perruqué du cardinal de Retz, repeignée par les mèches des Lumières. Le duc de Saint-Simon brille par une citation au cordeau : « Un fort mécontentement avait fait quitter au baron de Bressé le service d'Espagne, non sans laisser quelques nuages sur sa réputation. »

Edgar Degas, *Le Château de San Elmo*, 1860, Paris, Bibliothèque nationale de France.

Stendhal appartient à la même lignée. Littré aurait pu retenir les deux premières phrases, ou à tout le moins la seconde, de la *Vie de Henry Brulard* qui débute en fanfare : « Je me trouvais ce matin, 16 octobre 1832, à San Pietro *in Montorio*, sur le mont Janicule, à Rome, il faisait un soleil magnifique. Un léger vent de sirocco à peine sensible faisait flotter quelques petits nuages blancs... »

Le ton est donné. C'est parti pour cinq cents pages. Il (dit qu'il) est heureux de vivre, il se rend compte qu'il arrive à la cinquantaine en comptant sur ses doigts, il vogue déjà en aller-retour entre plusieurs époques. Il inaugure donc son histoire par une petite escadrille de nuages blancs qui sont le gage du bonheur et le moteur de sa rêverie. Il annonce le Monet qui voudra rassembler ses impressions et sensations de jadis et il ressemble à Corot qui contemple les mêmes paysages et note dans ses carnets de croquis, à l'intérieur des volutes de nuages, les indications de couleur (gris, bleu clair, rose), mais il ne ressemble à personne. À la dernière page, il confie : « Je suis comme un peintre qui n'a plus le courage de peindre un coin de son tableau. » Chez lui, le petit nuage blanc n'est jamais loin de l'image du désir. Je parie qu'il n'a jamais oublié le cygne entre les cuisses de Léda sous le pinceau du Corrège. Et on aurait garde de négliger son vocabulaire amoureux où la cristallisation tient une place fondamentale puisque le mot même de cristallisation – qui convient aussi à la formation du nuage de neige – a le pouvoir d'éviter à la description du phénomène de l'amour d'être « obscure, lourde, ennuyeuse ».

Un qui n'a pas vraiment été sensible à ce type de cristallisation bien qu'il soit le pendant de Stendhal, l'un et l'autre à cheval sur le XIXe siècle, en gilet rose saumon et bottes jaunes, bourrus et tellement doués, fragiles, de plain-pied avec leurs démons, c'est ce bougre de Degas. En tout cas, les nuages de la peinture moderne passent par lui : ceux qu'on aperçoit par la lucarne dorée du côté de Naples chez son grand-père comme ceux des monotypes et de la marine qu'il couche sur papier chamois, mais davantage encore ceux qui trônent chez les marchands de coton, à La Nouvelle-Orléans, sur la table où se déroule la grande métamorphose des marchandises, nuage/coton/toile/peinture/argent/nuage. Depuis la lointaine Louisiane, il adresse à son vieux copain Henri Rouart des lettres où il signale la lumière *aveuglante*, sans prémonition de la céc té

Edgar Degas, *Marchands de coton à La Nouvelle-Orléans*, 1873, Harvard University Art Museums, Fogg Art Museum.

qui l'attend. On a une idée des variations de blanc, façades des maisons, robes de mousseline, fleurs des arbres, reflets sur l'eau, nuages tropicaux. En même temps, il avoue la nostalgie des blancs de « chez nous », à commencer par le blanc des blanchisseuses. Il visite les locaux de la société que ses frères ont créée, de Gas Brothers, spécialisée dans le commerce du coton, trafic *a priori* juteux où l'on profite d'une main-d'œuvre à faible coût. Il s'assied dans un fauteuil parce qu'il fait chaud. Il jauge les bureaux. Il ne serait pas Degas s'il ne peignait des huiles sur toile. Sa préférée est *Marchands de coton à La Nouvelle-Orléans*. Il est inspiré. Il dresse une table des nuages comme on ne les a jamais vus, à peine imaginés, comme on ne les verra pas avant de monter dans un avion, demandez à Matisse qui en sortira émerveillé après son premier vol Londres-Paris en 1937. Le marchand en haut-de-forme a les mains dans la matière cotonneuse, il tâte un échantillon pendant qu'un autre personnage en panama passe sur un fond crème qui est comme le drap blanc placé derrière les objets que West conseillait à Constable pour figurer le ciel. Sur le mur à droite, la moitié d'une toile encadrée montre une marine aux eaux vertes empanachée par des filaments nuageux. *Marchands de coton à La Nouvelle-Orléans* est une des deux toiles qu'il escompte vendre à Agnew, oui, ça ne s'invente pas, un filateur de Manchester enrichi par les enclosures et les machines à carder et assez fortuné pour se la payer. Le bougre cherchait en pure perte le « truc » des peintres anglais, bien que le paysage ne fût pas à proprement parler sa tasse de thé. Au même moment, c'est comme s'il avait trouvé mieux, non pas un truc ni même une idée qui réunît Constable, Bonington et Turner, mais un de ses coups de génie habituels, sans forcément en prendre conscience.

Ci-dessous : Édouard Manet, *Portrait de Jeanne Duval*, 1862, Budapest, musée des Beaux-Arts.

Manet n'est pas en reste. Il lui faudrait un chapitre. Nous irions de Boulogne au Mexique en passant par le cimetière parisien où une poignée de ses amis enterrent Baudelaire par un après-midi orageux. Il est sans doute le plus doué, le plus surprenant, il impose son sceau où qu'il soit, quel que soit son *sujet*. À vingt ans, il s'embarque comme pilotin à destination du Brésil comme Baudelaire dans les îles. « Pendant le jour, du pont supérieur, je ne quittais pas des yeux la ligne d'horizon, voilà ce qui m'a révélé la façon d'établir un ciel. » Au retour, si ciel il y a, il le projette

Page ci-contre : Édouard Manet, *L'Exécution de l'empereur Maximilien*, 1867, Boston, musée des Beaux-Arts.

dans les ondulations et les plis gonflés de la robe d'été nuageuse qu'il octroie à la maîtresse de Baudelaire, vieille poupée défaite, engoncée dans un velum qui tient à la fois de l'amas d'étoffes (cumulus), de la nappe immense (stratus), des filaments (cirrus) qui s'égrènent en traînées parallèles beiges comme des griffures de chat, et du nimbe où la pauvre infante se dissout. Il souffle aussi une bulle de savon et dépose à même le sol un nuage de fumée au cœur de la toile *Le Chemin de fer* qui lui valut de la part de la critique un ticket de train direct pour l'asile de Charenton.

Manet détestait la campagne. Il ne risquait pas de porter son baluchon du côté des champs de coquelicots et des meules de foin. Il pensait que la nature ne fournissait que « des renseignements » et que c'était au peintre d'imprimer sa marque. Il allait vite mais il savait prendre son temps quand il le fallait. Il passe ainsi une année autour du parfait météore qu'est *L'Exécution de Maximilien*. Voilà un sujet, comme on disait, et le choix de s'y colleter traduit une évidente intention politique d'hostilité à l'Empire. En fait, l'armée française avait installé l'archiduc Maximilien sur le trône mexicain afin de favoriser la présence française en Amérique centrale selon ce qui aurait dû être la grande pensée du règne de Napoléon III. Mais, quand les États-Unis avaient haussé le ton à la fin de leur guerre de Sécession, nos glorieux soldats s'étaient vaillamment retirés, abandonnant Maximilien à son destin, prisonnier à Queretaro, fusillé en compagnie de deux généraux, en représailles des exécutions sommaires qu'ils avaient ordonnées. Manet pense au fameux *Tres de mayo* de Goya qu'il a vu à Madrid deux étés plus tôt. Il n'hésite pas à s'y référer et il décide de fixer la mise à feu plutôt que la mise en joue. Il travaille à partir des reportages publiés par *L'Illustration*, et il peint un tableau aujourd'hui à Boston, plus chaud, plus émotif, plus intime, un autre aujourd'hui à Mannheim, plus spectaculaire. Un troisième, dépecé, a été acquis par Degas. Ici et là le nuage est un nuage de fumée créé par la poudre des fusils. Sur le premier tableau, Maximilien est enveloppé par le nuage mortel. Sur le deuxième, le nuage lui fait une espèce de collerette, recréant ce noyau obscur au cœur de la toile comme – un peu avant – pour le combat naval entre le *Kearsarge* et l'*Alabama* et – un peu après – pour *Le Chemin de fer*, mais le recréant pour *Maximilien* à l'endroit même de la chemise blanche archi-lumineuse sur laquelle Goya attirait notre regard. Est-ce le premier ou le second, je ne sais plus, qui sera transporté en Amérique par la chanteuse Émilie Ambre, exposé dans une ambiance foraine à New York pour la Noël 1879, accompagné de prospectus engageants « Entrez ! entrez voir le célèbre tableau du célèbre peintre Édouard Manet ! », édifiante réclame distribuée par des hommes-sandwichs devant les music-halls, avec un grand portrait de la cantatrice en haut de l'affiche et celui de Manet en bas, format timbre de poste, à 25 cents l'entrée, le même prix qu'une photographie dédicacée de Géronimo en personne à l'Exposition internationale de Saint Louis.

Alfred Sisley, *Le Pont d'Argenteuil*, 1872, Memphis, Brooks Museum of Art.

Sisley demeure le méconnu, trop réservé par rapport à ses pairs, immense pourtant. Il reprend la grande leçon de Constable, se contente du territoire modeste qu'il explore parce qu'il a l'intuition que tout est là. Il peint le ciel en premier et de haut en bas, il n'entre pas dans la

Sisley. 1872.

Alfred Sisley, *Les Champs*, 1874,
Leeds Museums and Galleries,
City Art Gallery.

querelle stupide de savoir si les ciels anglais ou italiens sont *supérieurs*, il y dispose les nuages que tous ses contemporains voient passer comme lui. Simplement il leur accorde une attention plus soutenue. Qu'il soit d'origine anglaise et de langue anglaise, qu'il ait suivi des études à Londres où il avait loisir de fréquenter les musées n'est pas négligeable quant à sa façon de sentir la peinture, et l'instance de naturalisation qu'il avait sollicitée sera suspendue par sa mort. En réalité, il conjugue la tradition anglaise et la lignée française de Corot, la finesse de perception et la justesse des sensations. Sa force semble résider dans une adéquation empirique au climat dans lequel il s'escrime à rendre, par touches, son sujet. Rien de surprenant à ce qu'il soit le peintre par excellence de la neige, du paysage enneigé, des nuages blancs qui ont pris possession du sol. Il donne de la profondeur et du mouvement au ciel. Mouvement, le mot est de lui. Il insiste. On a affaire à un ciel mobile – et émouvant plutôt que mouvementé – quand bien même la toile fixe un instant précis. Ce ciel est son préféré, avec ce qu'il appelle les nuages « baladeurs », louant leur allure, leur puissance d'entraînement, l'enthousiasme qu'ils suscitent en plein jour, les comparant encore à *l'effet* de la vague sur la mer puis aux remous qui précèdent leur disparition dans la nuit. Ils ont alors « le charme des choses qui s'en vont ». Il le dit sur un ton dépourvu de perspective religieuse. Il les poursuit avec leurs reflets dans l'eau, rivière ou canal Saint-Martin ou pont de Saint-Cloud qui en remontrerait à Monet, le boss, longues traînées duveteuses de pinceau dans les violets aussi bien par temps de neige que par cinquante degrés Fahrenheit. On reconnaît à la seconde même ses petits nuages ronds comme des boules de gui comme des balles de coton comme des ballons de cuir comme des barbes à papa, sérénité sans égale quel qu'en soit le prix, souplesse de voltigeurs, rythme. Ils nous renvoient à l'été, au *beau* temps sans pouvoir trancher si oui ou non il y a un vent qui de toute façon ne pourrait être que léger, notamment quand il pose son chevalet du côté d'Argenteuil dans les années 1872-1874 ou vingt ans après dans le *Tournant du Loing en été* ou au-dessus du *Pont de Moret*, et même, en y regardant à deux fois, derrière le brouillard mauve de la mer à *Langland Bay, le matin*, au pays de Galles en août 1897. Sisley reste fidèle à son paysage, revenant à Moret où il avait débuté, traînant ses basques le long de la rivière, des galoches jaunes, les yeux fatigués sous son béret qui penche à droite, grandi par son macfarlane, convoquant les nuages avec autant de discrétion que de distinction, dressant le siège de la ville, l'encerclant, disposant ses munitions sous des angles différents, sans la

Ci-dessus : Claude Monet, *Camille Monet sur son lit de mort*, 1879, Paris, musée d'Orsay.

Page ci-contre : Claude Monet, *Les Nymphéas, étude d'eau : les nuages*, 1914-1918, Paris, musée de l'Orangerie.

détermination de Cézanne mais tout de même, revenant pour y mourir, à l'ombre de la tour médiévale édifiée par Louis VII, filant à l'anglaise sous un ciel de janvier.

Monet n'a pas toujours tiré le mauvais numéro qui l'avait expédié dans les chasseurs d'Afrique pour son service militaire. S'il a eu son lot de malheurs, il a régné sur la petite troupe des impressionnistes et il a touché le gros lot avec les *Nymphéas*. Il s'y met l'été juste après la mort de son ami Sisley, il entre dans un labeur de vingt-sept ans entrecoupé de périodes de dépression dont sa ténacité le sauve. À bientôt soixante ans, il n'est pourtant plus un jeune homme, il a traîné son matériel sous toutes les latitudes, de la gare Saint-Lazare à Oslo en passant par la Riviera, depuis que Boudin l'avait convaincu à seize ans de travailler en plein air, une attitude de bon sens renforcée par une fugue studieuse de l'autre côté du Channel, histoire d'échapper aux baïonnettes des uhlans prussiens et aux cerises des communards. NYMPHÉA, n. m., nom scientifique du nénuphar blanc, appelé aussi lune d'eau ; voir « nymphe », figure féminine liée aux filles de Zeus ; voir « nénuphar » qui vient de l'arabe et où en langue française on entend la syllabe *nu*.

Le Nuage est le titre d'une toile de 1903, qu'il avait vendue mais qu'il aurait souhaité détruire après coup, trop classique, environ 70 x 100 cm, si proche du portrait extraordinaire de son épouse *Camille Monet sur son lit de mort*, nous quittant pour toujours (écrit-il), le visage ovale en apesanteur flottant à la surface de la toile, disparaissant presque sous un voile de touches d'un violet à la fois cadavérique et vespéral adouci par des traces de rose où subsiste un blanc virginal, figurine moitié momie moitié Ophélie, ensevelie, un tombeau auquel il ne pouvait pas ne pas penser – quarante-cinq ans après – en multipliant les nymphéas pour saturer un espace devenu illimité. Les nouveaux deuils et la cataracte des deux yeux terrassent le vieillard obligé de déchiffrer les indications de couleur inscrites sur les tubes et de peindre d'après le souvenir évoqué par leur nom malgré ses lunettes Zeiss, obligé de peindre des souvenirs de nuages, attristé par le peu de temps qui lui reste alors même que son ami Clemenceau lui reproche de croire qu'il a l'éternité devant lui pour achever le cycle des *Nymphéas*. Il en a déjà offert huit à la République pour l'armistice du 11 novembre et il s'y remet alors que le vieux Tigre est parti à la chasse au tigre en Inde et que l'Orangerie des Tuileries se profile grâce à son amitié. Il compose son chef-d'œuvre d'artisan, vérifie que la température du bassin est assez chaude pour les nénuphars qu'il avait fait venir par bateau du Japon, il peint désormais les « paysages à reflet », devenus une nécessité vitale, entêté, brossant son autoportrait en Narcisse, se tuant à la tâche si au contraire ces paysages n'étaient le fil ténu qui le retenait à la vie, piochant jour après jour, buvant et fumant, empli de doute, brûlant des toiles, se relevant la nuit pour peindre, supprimant la rive du bassin comme le bord du ciel chez Constable, plongeant dans le grand bain comme autrefois dans la rivière, nageant dans un ciel liquide, frayant un chemin vers l'inconnu, désorientant le spectateur qui ne sait plus s'il regarde les ondulations des herbes ou de leurs reflets, faisant planer les nymphéas, donnant un écho au poème de Mallarmé, « enveloppant de leur creuse blancheur un rien ». Avec le nuage, il affronte la matérialité (ondoyante) de la peinture afin de représenter l'immatérialité (ondulatoire) de la lumière. Mais les *Nymphéas* sont aussi le substitut au projet troublant auquel il a dû renoncer, qui consistait à rassembler ses « impressions et sensations de jadis ». Ils relèvent toutefois de la même volonté de synthèse qui consiste à montrer, alors même qu'ils ne sont ni le cœur du dispositif ni son enjeu essentiel, « de purs reflets de nuages ». La série « Les grandes décorations », soumise à l'influence japonaise pour le format des panneaux de douze mètres de large et pour l'ombre chargée de signifier la présence, comprend *Les Nuages*. Le côté droit est très sombre, opaque, le côté gauche semble en accord avec le côté droit de *Soleil couchant*, sorte d'apothéose si tant est qu'un libre penseur en conçoive la possibilité. À la longue, Monet finit par rejoindre ses morts. Sur sa table de chevet, son Baudelaire est resté ouvert sur la page de « L'Étranger » et de ses points de suspension. À la levée du corps, Clemenceau trouve le drap qui recouvre le cercueil trop laid, trop noir, il l'enlève, le remplace par le rideau à fleurs du salon.

Cézanne aura précédé ses morts. Ça fait une différence. Cézanne c'était un drôle, en fait un pas drôle du tout, un bougon, un véhément, un obnubilé par sa peinture, un guerrier qui part en campagne avec son bagage, qui arpente le territoire où il se cantonne, posant son chevalet au même endroit qu'hier ou à quelques mètres ou à quelques centaines de mètres, au nord ou au sud ou à l'ouest, face à la montagne Sainte-Victoire, cherchant à pénétrer ce massif qu'il avait face à lui, regardant à tout va, essayant de rendre compte des « sensations colorantes » qui traversaient son corps et en émanaient. Que la Sainte-Victoire tienne son nom de quelque victoire militaire ou religieuse importe peu, que ce nom ait remplacé celui de mont Venture est là pour rappeler le rôle des vents donc des nuages à la crête. Elle constitue un monument géologique, bloc du Crétacé, arête calcaire dont cet obstiné intégral note les couches et les superpositions, le modelé qui devient sous le pinceau des modulations de lumière. Il éprouve sa surrection, ce qui la pousse vers le ciel. Parfois elle ressemble à une

Paul Cézanne, *La Montagne Sainte-Victoire*, 1900-1902, Paris, musée du Louvre.

baleine grise ou blanche, un enfant en ferait la remarque, elle ressemble à Moby Dick dont il serait le capitaine Achab. La première fois qu'il la couche sur la toile il entend comme un gros coup de cornet à pistons. Ce n'est pas encore ce qu'on nomme sa « touche directionnelle », mais il reconnaît le rose beige de la montagne et du ciel ennuagé (*Sainte-Victoire* d'Amsterdam), il sait qu'il est sur le bon chemin, et que le chemin est ingrat, il sait aussi qu'il a de bonnes jambes et qu'il est endurant. Par la suite, il n'hésite pas. Il peint ce qu'il regarde et ressent, la montagne et les nuages à travers une « brume lavande » (*Sainte-Victoire* de Philadelphie). On peut poser que cette « brume lavande » tient autant à la vue qu'à l'odorat si ce n'est à l'ouïe avec les stridulations des cigales. Il n'y a pas de passant dans ce paysage et s'il y a un habitat il est rapporté à des formes géométriques. Il n'y a pas d'anecdote, pas d'autre intrigue que celle de la peinture elle-même. Et l'humanité qu'on peut pourtant percevoir tient peut-être ici à son orgueil forcené. Ça ne lui a pas échappé, évidemment, qu'il peignait une élévation, et que dans cette élévation – ou ascension ou assomption – les nuages étaient en quelque sorte de la même matière – picturale – que la montagne. Il ne se préoccupe pas des nuages en particulier. Ils sont plutôt portés par la montagne, poussés par elle. Cézanne ne verse pas son écot à la rêverie, quand bien même cette Sainte-Victoire qu'il s'acharne à peindre c'est aussi la montagne qu'enfant il escaladait et dont il fallait bien, à regret, redescendre, quand bien même il évoque la légère « mélancolie » qu'elle nourrit, ajoutant qu'il y a « là-haut la caverne de Platon : remarquez quand de grands nuages passent, l'ombre qui en tombe frémit sur les roches... », ajoutant encore « longtemps je suis resté sans pouvoir, sans savoir peindre la Sainte-Victoire, parce que j'imaginais l'ombre concave... tandis que, regardez, elle est convexe, elle fuit de son centre, elle s'évapore, se fluidise ». On n'en finit pas avec les vertus du nuage.

Il insiste. Il plaque des accords de nuages verts (à Zurich à Bâle à Moscou). Il s'aperçoit qu'il évolue dans un nouvel espace pictural. Il croit dur comme pierre à la multiplicité et à la relativité des apparences et des apparitions. Il écoute Gasquet qui lui parle de Kant et qui le conduit à bafouiller qu'il serait « la conscience subjective de ce paysage ». Il reprend son refrain préféré « Moi je me fais vieux », qui le mine parce qu'il aimerait aller plus loin. Un mois avant de mourir, après un été caniculaire où le ciel s'épaissit comme les sirops qu'il avale, Paul écrit à son fils Paul : « Je vais au paysage tous les jours. » La veille, sous l'orage, l'émotion et la volonté intactes, il peint encore.

Matisse ne tarde pas à esquisser un nuage minimal, à Tahiti, au-dessus du lagon. Un simple trait suffit.

Page ci-contre : Paul Cézanne, *La Montagne Sainte-Victoire, vue des Lauves*, vers 1902-1904, Philadelphie, Philadelphia Museum of Art, collection George W. Elkins.

Ci-dessous : Henri Matisse, dessin illustrant une lettre à Louis Aragon, 1941.

DU NUAGE EXTRÊME-ORIENTAL

À quelques encablures de Tahiti, de part et d'autre du 40e parallèle sud, s'étend le pays du long nuage blanc qui est aussi celui des All Blacks et de la fougère que l'étymologie rapporte à la félicité. Si l'on repasse dans l'hémisphère Nord, on met vite le cap sur le continent chinois dont Jacques Gernet souligne d'emblée le génie par la longue épigraphe à son très remarquable *Monde chinois*. Elle est tirée des *Conversations de Goethe avec Eckermann*, en date du mercredi 31 janvier 1827 :

Temple du ciel, escalier menant au pavillon des moissons (au milieu un relief en marbre), Beijing.

Durant ces jours où je ne vous ai pas vu, dit-il, j'ai beaucoup lu, notamment un roman chinois qui m'occupe encore et me paraît très remarquable – Un roman chinois ? fis-je, ce doit être bien singulier. – Pas autant qu'on serait tenté de le croire, répliqua Goethe. Ces hommes pensent et sentent à peu près comme nous, et l'on s'aperçoit très vite qu'on est pareil à eux. – Mais, dis-je, peut-être ce roman chinois est-il un des plus exceptionnels ? – Pas du tout, dit Goethe, les Chinois en ont des milliers de ce genre, et même ils en avaient déjà quand nos ancêtres vivaient encore dans les bois.

Le miracle est bien là. Toutefois il serait bon d'avancer en ce domaine avec prudence, à l'instar des sinologues. Certes les Chinois pensent et sentent *à peu près* comme nous, selon la formule humaniste de Goethe, mais il n'en est pas moins vrai qu'ils pensent et sentent aussi autrement que nous, autrement que nous l'ont inculqué des siècles de culture européenne. L'univers pictura le démontre et les nuages en sont un indice particulier.

J'ai eu la chance de voir les nuages gravés entre ciel et terre sur la grande stèle noire à l'entrée de la Forêt des stèles, à X'an, au bout de la Route de la soie. Et je me suis précipité, à Beijing, pour voir à quoi ressemblaient ces temples au nom prédestiné, le temple du Nuage blanc et le temple du Nuage bleu, sans oublier la porte des Nuages purs dans la Cité interdite et le relief en marbre dans l'escalier qui conduit au pavillon des Moissons dans le temple du Ciel.

Cela dit, on n'a pas besoin d'être allé en Chine ni d'avoir suivi des études spécialisées pour savoir que la peinture chinoise raffole des formations nuageuses comme elle raffole des formations montagneuses. D'ailleurs les deux vont ensemble. La civilisation chinoise a découvert (inventé) la montagne deux mille ans avant les Occidentaux. La montagne est le fondement de tout paysage, donc de toute peinture de paysage. À la suite de François Jullien et du travail exceptionnel qu'il a livré dans *La Grande Image n'a pas de forme*, essai de *dé-ontologie*, on peut poser que – en chinois – la montagne contient le monde, qu'elle *tient ensemble* ses éléments. Peut-être *contient*-elle aussi la poussée du magma qui est l'informe par excellence. Là-bas, la peinture occupe avec la poésie une place suprême non seulement dans les arts mais aussi dans la pensée, qui se rapporte autant à la vie qu'au mystère des choses, et qui accorde la primauté aux sensations sans truchement d'un intellect *sec*. La peinture est geste, acte, souffle, grâce au pinceau ou plutôt à la variété des pinceaux, plus ou moins lisses, usés, larges, etc. Écriture et peinture se tiennent. Le pinceau donne l'élan pour tracer des signes.

À défaut d'études, des ouvrages nous enseignent que *yen-yun* signifie *brume-nuage* et qu'il constitue un élément cardinal du paysage. Les précisions abondent dans les traités de peinture : quand les nuages sont lourds ils tendent à se confondre avec la montagne, quand ils sont légers on ne les distingue plus guère de l'eau car la vapeur d'eau amassée se disperse. Ils ont un aspect changeant surtout selon les saisons : d'après Han Tchouo (*alias* Han Zhuo), qui semble oublier les nuages d'été, on distingue les nuages de printemps comparables à des grues blanches qui volent par bandes joyeuses, les nuages d'automne qui leur ressemblent et vont par vagues légères, les nuages d'hiver, à l'inverse, tristes et sombres. On note encore le nuage flottant ou émergeant du vallon ou froid ou vespéral. Selon la formule de Han Tchouo, le nuage est « la synthèse des montagnes et des eaux », à savoir les deux pôles de la nature, l'expression montagne-eau (*shan-shui*) signifiant d'ailleurs, par extension, paysage. Tout se tient.

Les peintres et les amateurs de peinture chinois pensent (considèrent) le paysage comme des relations (un équilibre) entre des dualités opposées (haut/bas, compact/fluide, opaque/transparent). Ils envisagent le paysage en moi plutôt que par moi et pour moi comme le conçoivent les esprits européens. Ils tiennent pour évidente la rencontre du paysage et de moi en esprit, l'intention, tout ce qui fait de Cézanne notre grand peintre chinois, tardif mais chinois.

Aux temps anciens, le premier peintre de renom fut Ku K'ai-chi. Toute son œuvre a disparu, si ce n'est le titre d'un projet pour un de ses tableaux : « Note pour la peinture de la montagne de la Terrasse des nuages ». Tout est déjà là, la montagne bien sûr, les nuages, et une terrasse sans que je sache si cette terrasse correspond à ce que nous nommons « mer » de nuages. En tout cas, le nuage figure *entre* présence et absence, comme respiration, ou comme vide, voire comme repli où les Immortels (littéralement, les hommes de la montagne) ont disparu. Les très nombreux traités insistent sur cette notion de vide. Que ce soit T'ang I-fen, sous les Ts'ing, qui postulait que si la montagne était trop « pleine » il fallait la rendre « vide » avec de la brume, mais un vide plus pleinement habité que le plein (écrivait-il). Que ce soit encore son collègue Pu Yen-t'u qui conseillait de « ménager des blancs pour que le halo des brumes et le reflet des nuages y composent une atmosphère chargée de mystère ». Un autre, c'est Chiang Ho, recommande d'accorder trois dixièmes au ciel et à la terre et sept dixièmes à « la présence discontinue des brumes-fumées ».

À leur façon, les poèmes obéissent aux mêmes lois que la peinture. Dans leur traduction française, l'anthologie Demiéville fait autorité. L'introduction rappelle que le mot monosyllabique et sa polyvalence grammaticale confèrent à la langue une puissance de suggestion supérieure et une espèce singulière de *flou*, renforcées encore par l'impersonnalité du verbe. Les poèmes ignorent le « comme » occidental et relèvent de codes établis où les saisons, les points cardinaux, les amours reviennent souvent. Les nuages en ont leur part, y compris érotique puisque « le nuage et la pluie » fait écho à une légende archaïque remontant avant les Royaumes combattants. Quant au nuage blanc qui vogue dans le ciel, il renvoie au sentiment de voyage, de dépaysement voire d'exil, plus marqué en poésie qu'en peinture.

Avant même les Tang et les Song, le général Li Ling l'exalte dans ses adieux à Sou Wou, général avec lequel il a partagé une amitié qui prend fin après vingt ans de captivité commune :

Vois là-haut : légers courent les nuages
[...]
Chacun va se perdre dans un angle du ciel...

Par la suite, quelles que soient les dynasties, du Nord et du Sud, et quel que soit le thème, le nuage est propice :

Tso Leu le voit :

Dans la longue enfilade des palais violets
Les toits s'envolent tels des nuages errants

Il passe encore chez Sie T'iao :

Les derniers nuages roses dispersent leur satin
[...]
Il faut partir. Pourtant longtemps je m'attarde

En général, on part jeune (les cheveux noirs) on revient vieux (les cheveux blancs). Selon le célèbre Li Po, qui aimait le vin comme antidote au chagrin, un vieillard se repose auprès des pins et des nuages. On raconte que Li Po mourut noyé en cherchant à attraper dans un fleuve le reflet de la lune qu'il avait si souvent calligraphiée. Une histoire similaire raconte que Wu Tao-tzu disparut dans la brume d'un paysage qu'il venait de tracer. Il fut le premier à peindre d'un grand geste sans retouches pour ne pas perdre le rythme et capter les vibrations des choses

Temple taoïste dans la montagne,
attribué à Dong Yuan (907-960),
Taipei, musée du Palais.

baignées par le souffle. Une autre légende, celle de Wang Mo, un peintre vagabond de la même époque, rapporte qu'il trempait aussi ses cheveux dans l'encre en guise de pinceau, que son geste faisait apparaître comme par enchantement des montagnes, des rochers, des arbres, des nuages, toutes sortes de figures éclatantes ou éthérées, et que « le tableau achevé était toujours d'une vérité si parfaite qu'on n'avait l'impression d aucune trace d'encre ». Le plus beau de la légende reste à venir : « À la mort du peintre, son cercueil était léger, comme vide ; on dit que son corps s'était transformé en nuage. »

Il y a aussi Tchang Chouai, un contemporain de Li Po, qui mérita pour ses poèmes, dit-on, les louanges de l'empereur Won :

On regarde un nuage, qui s'enfuit au loin ;
On regarde un oiseau, qui vole et disparaît.
Et c'est toujours la même attente vaine...

Baudelaire n'est pas loin. Dès la fin du VIIe siècle, Tchang Jo-hiu, dont il ne reste que deux poèmes, exprimait cette mélancolie par ce simple vers :

Un nuage blanc, seul dans le ciel, se perd dans le lointain.

L'ensemble de la poésie chinoise manifeste une attention particulière au nuage *blanc* qui flotte dans le ciel à l'infini. Les peintres ne sont pas en reste. Dong Yuan donne un *Temple taoïste dans la montagne*. Mi-Fu l'admire, il possède une de ses peintures, il apprécie au plus haut point son aptitude à faire apparaître et disparaître les formes, donc à dé-peindre les nuages. Ne s'agit-il pas de peindre des modifications – des passages dira de son côté Montaigne – des nuances, et le nuage paraît propre à rendre le paysage indistinct, surtout le soir ou le matin, quand la lumière s'y prête le mieux.

Pour le vénérable Mi-Fu, les paysages, et en particulier les nuages, constituent une source de « délices inépuisables ». Ces nuages, il les considère comme « la récapitulation du paysage » grâce à ce qu'il nomme « leur Vide insaisissable ». Il peint *Devant la montagne au printemps*, un rouleau à l'encre et aux couleurs légères sur papier, 35 x 44 cm, où il reprend les thèmes traditionnels de l'ermitage désert et des pins isolés. Cinq montagnes émergent entre les nuages et tout le quart en bas à droite demeure (devient) vide. Mi-Fu avouait une prédilection pour les maîtres du passé et il voyait se refléter les siècles dans « la profondeur des miroirs d'eau enveloppés par la brume ». Il était né dans l'actuelle province du Hubei « le deuxième mois de la troisième année houang-yeou », à savoir 1051, avait accédé à la carrière de fonctionnaire, correcteur suppléant des livres au département de la Bibliothèque impériale, avant d'exercer différentes fonctions qui lui permirent de multiplier les voyages et de séjourner longuement au sud du fleuve Bleu, sous un climat doux et devant des horizons

Mi Fu, *Pavillon de nuages se levant*, début du XIIe siècle, Washington, Smithsonian Institution, Freer Gallery of Art.

noyés par l'humidité. Il pensait qu'un grand paysagiste devait avoir vu beaucoup de vallées et de montagnes, qu'on ne pouvait pas copier un paysage, qu'il fallait de l'imagination capable de transmettre le souffle. Il eut le privilège de porter les habits pourpres bien qu'il appartînt à un rang inférieur, il fut nommé Maître au vaste savoir, fit des inventaires pour le Fils du ciel, reçut la ceinture rouge et des sapèques d'argent avant d'être révoqué pour faute, envoyé commander un poste militaire lointain, ayant soin de léguer cent pièces de soie pour couvrir les frais de ses funérailles.

Son contemporain Guo Xi évoquait déjà l'intentionnalité harmonieuse qui doit habiter le peintre, le vide nécessaire pour accueillir en soi les éléments du paysage, en particulier les nuages, les laisser venir comme si, à la limite, le pinceau peignait par lui-même. À peu près en même temps, sous les Song, un poème de Tcheou Pang-yen sur l'air « Le printemps au pavillon de jade » compare l'homme « au nuage qu'un coup de vent rabat sur l'eau ». Beaucoup plus tard, au XIVe siècle, Yang Wei-tchen commencera un poème sur une peinture de « la forêt dans les nuages après la pluie » par ce vers imparable :

Portées par les nuages qui passent, les montagnes vont se mettre en marche.

De l'autre côté de la mer, sur l'île du Soleil-Levant, Sei Shônagon rédige ses *Notes de chevet*. On est à Kyôto, il y a mille ans, sous les régents Fujiwara qui accordaient à l'empereur la liberté de s'entourer d'épouses et de concubines et de toute une cour réglée par une étiquette extrêmement précise et savante, davantage préoccupée de poésie que de politique. Ces notes ont un caractère intime et improvisé, accumulant les digressions à partir d'un mot ou d'un nom, multipliant les énumérations, les souvenirs, les sensations. Dès les premières phrases, sa sensibilité fait place aux nuages « violacés [qui] s'allongent en minces traînées », où l'on peut reconnaître l'espèce légère des cirrus, en violet-pourpre, qu'elle trouve, cent pages plus loin, « bien joli » comme les fleurs, du fil, du papier, ou encore le costume des fonctionnaires du sixième rang pour la garde de nuit. Toute une rubrique (la numéro 120 sur les 162 que compte le livre) est consacrée aux nuages :

Les nuages blancs, pourpres, noirs, me ravissent.
Les nuages chargés de vent, que la pluie chasse.

J'aime voir aussi, à la pointe du jour, les nuages sombres, qui peu à peu blanchissent. Dans une poésie chinoise, on a parlé je crois de la teinte qui disparaissait à l'aurore. C'est bien joli encore lorsqu'un nuage mince couvre la face brillante de la lune !

On observe un certain mélange de joie et de tristesse, une mélancolie « délicieuse », écrit-elle en évoquant le ciel couvert de nuages et le vent. À la rubrique « Choses qui ne servent plus

Hu Yu Kun, *Montagnes et Chaumières dans les nuages et la pluie*, XVe siècle, coll. part.

Katsushika Hokusai, *Fuji par temps clair*, extrait de la série des *Trente-Six Vues du mont Fuji*, 1831, Londres, British Museum.

九上黃山绝顶人纵横今古感微塵
壬戌之秋 劉海粟 年方八十七

à rien, mais qui rappellent le passé », on peut découvrir « un peintre dont la vue s'obscurcit ». Le temps de s'extasier sur la finesse de la remarque, une notule vous révèle qu'on ne sait pas trop si Sei Shônagon a écrit « un peintre » ou « un garde ».

À la suite de Mi-Fu, les peintres chinois ne cesseront d'honorer cette tradition de la peinture de paysage. Au XIVe siècle, Wang Lü peint *Le Mont Hua* (aujourd'hui à Shanghai), une vraie mer de nuages, vue de dessus, comme si le peintre la survolait. Début XVIe, Ch'en Shun peint *Brumes sur la montagne* (aujourd'hui à Washington), empreint de magie, limpide, comme après un orage, de sorte qu'on songerait à une aquarelle. Au XVIIe, Kung Hsien peint *Vallées sous la brume, dans la manière de Mi-Fu*, aujourd'hui à Kansas City, où le vide (ou les nuages) occupe toute la partie inférieure du tableau. Au même siècle, Tang Zhiqi recommande la fluidité du geste pour peindre le nuage dont l'intention consiste à « vouloir voler ». Aussitôt, après la chute des Ming et le début de la dernière dynastie, celle des Qing, c'est au tour de Hu Yu Kun de peindre ces *Montagnes et Chaumières dans les nuages et la pluie*, sur un rouleau vertical, à l'encre et touches de couleur, de la plus grande discrétion. Sur la gauche, on peut lire paraît-il deux vers d'un poème tang. Au XVIIIe siècle, dans la plus pure tradition, Tang Dai explique en quoi les rochers sont des « racines de nuages », oui, les nuages naissent des rochers, conformément à la pensée taoïste et à l'expérience des étés orageux. En somme, il s'agit toujours de saisir l'élan à travers la forme, peindre quoi, sinon ce que les peintres et les amateurs de peinture chinois nomment le *sheng*, la vie, qui inclut en ce sens la vie à venir et la vie advenue.

Avec « le vieillard fou de dessin » on a affaire à un tout autre monde. Hokusaï laisse environ trente mille dessins, estampes, peintures. *Trente-Six Vues du mont Fuji* en sont un sommet. Une réclame paraît dans un roman pour ces *Trente-Six Vues* qui lui donnent l'occasion de cette formule célèbre selon laquelle à l'âge de soixante-treize ans il avait à peu près compris la structure de la nature, à quatre-vingt-dix ans il pénétrerait le secret des choses, à cent ans il aurait atteint un degré de merveille et à cent dix il atteindrait la perfection, « soit un point, soit une ligne, tout sera vivant ». Mais il est mort à quatre-vingt-neuf ans, en mai 1849, après une vie bien remplie, son enfance dans un district populaire de Tokyo, son adoption par un fabricant de miroirs pour la cour du shôgun, son apprentissage chez un xylographe, son entrée comme commis chez un libraire qui le renvoie parce qu'il passe trop de temps à regarder les livres, son métier au quotidien, les illustrations commerciales pour vivre, jusqu'à soixante-sept ans, son apoplexie dont il guérit grâce à une médication à base de pâte de citron cuite à petit feu dans un quart de litre de très bon saké.

Monet avait acheté une des *Trente-Six Vues* et l'avait mise en bonne place dans son trésor avec ses Rolls Royce. Dans les *Trente-Six Vues*, le Fuji apparaît immense, par temps clair dans les tons rouges pouvant rappeler la lave, même si sa dernière éruption date de 1706, aussi bien qu'en miniature de la plage de Shichirigahama où Hokusaï se sert du bleu de Prusse introduit peu avant par les Hollandais ou les Jésuites dans le port de Nagasaki. Il représente donc la montagne sacrée avec son cône et sa calotte glaciaire, depuis des endroits variés, en rupture avec le style populaire de l'*ukiyo-e*. Par là, il marque aussi un certain retour à la tradition avec les

Liu Haisu, *Paysage du Huang Shan (la montagne jaune) avec pin et nuages*, XXe siècle, Nanjing, académie des Beaux-Arts.

atmosphères de brumes. Un peu plus tard, il dessinera les *Cent Vues*, en noir et blanc cette fois. Il éprouvait une fascination pour les séries et pour le nombre cent. Il promet « Cent oiseaux », « Cent paysages lunaires ». Il excelle dans les croquis comme *Planches d'arbres* ou *Tremblements de terre*, et encore dans une estampe exceptionnelle, *Carte de la route de Tôkaïdô*, où à défaut de nuages on pourrait les imaginer.

Quand, en 1940, Liu Haisu peint un paysage, *La Montagne jaune avec pin et nuages*, aujourd'hui à l'Académie des beaux-arts de Nanjing, c'est toujours plus ou moins la même chose. Il songe à Mi-Fu, il veut s'en montrer digne. Son lavis d'encre est sans doute plus sombre, plus noir, sachant que les six « couleurs » de l'encre sont le noir, le blanc, le sec, le mouillé, l'épais, le fluide, leurs nuances, et que peindre vise à l'équilibre entre la forme et la couleur. Rien n'a vraiment changé. La vieille leçon venue d'avant les Song conserve tout son pouvoir : pour peindre un nuage, il est bon d'être soi-même disposé au nuage, d'être nuage. Être dans les nuages serait un bon début. De sorte que le nuage que je peins (ou que j'écris) est moins devant mes yeux qu'en moi-même.

Malgré les méridiens, Zao Wou-Ki n'est pas éloigné de la vieille leçon quand il peint cette espèce de boule de neige chaude, intitulée *3 décembre 1974*, une boule de neige chaude qu'on retrouve dans d'autres toiles comme *5 mars 1975* ou *7 janvier 1985*. On peut y voir un mouvement et des traces et des flux de vapeur, donc assez exactement ce qu'est un nuage. Il y a comme une nacelle au milieu, un quadrilatère. Tourbillons et remous ne semblent pas des mots trop figuratifs pour dire le rayonnement de la toile, le ciel doué d'un panache qui se soulève en haut, qui nous aspire avec lui et vers lui, mais il suffit que le regard perçoive une autre perspective, qui serait celle de la profondeur, pour qu'aussitôt on ait l'impression d'être au-dessus de la toile et à deux doigts de nous y enfoncer, de passer sous (derrière) ce voile, une piscine une fosse la mare vers où choit le petit plongeur de Paestum, le regard alors attiré vers le cœur de la toile, le rond bleu au milieu. Il y a une fluidité qui nous mène vers l'intérieur, une émotion immédiate liée aussi à la couleur, redoublée par le sentiment de ne plus savoir très bien où l'on (en) est entre le dessus et le dessous, le dedans et le dehors, voire, sans une once d'interprétation, entre le mort et le vif. On est bien là devant un paysage, mais un paysage intérieur, dans l'ordre de la connaissance plutôt que du savoir, au moment même – et au lieu – d'une expérience bouleversante par son universalité. Ce *3 décembre 1974* je vois encore des roses atténués et des noirs en reflux par rapport à *Nous deux encore*, mais pourquoi, direz-vous, comparer ces deux toiles, si ce n'est qu'elles sont côte à côte, l'une après l'autre, dans le livre où je les regarde, l'une à Orléans l'autre à Fukuoka. Bien sûr, on évitera les références, même si Zao a beaucoup regardé les *Nymphéas*. On ne s'étonnera pas non plus de son amitié avec Michaux. Et l'on comprend que ces nuages nous traversent quand Florence Delay écrit qu' « il ne fait jamais nuit dans les tableaux de Zao Wou-Ki parce qu'ils ne vivent pas comme nous au temps des horloges ».

Zao Wou-Ki, *3 décembre 1974*, 1977, Orléans, musée des Beaux-Arts.

DE QUELQUES
NUAGES
SINGULIERS
[DU SIÈCLE DERNIER]

Effet de lune par une mer calme,
Seine-Maritime, Le Havre.

Au temps des horloges, Popper a opposé le temps des nuages. Il ne pensait pas à Zao Wou-Ki mais prenait position dans le débat philosophique et scientifique sur le déterminisme. Sur une frise, il disposait donc les nuages et les horloges. À une extrémité, ses nuages représentaient les systèmes physiques – comme les gaz – caractérisés par leur désordre et leur nature aléatoire, et il étendait la comparaison à des nuages de mouches ou de gouttelettes d'eau. À l'opposé, les horloges représentaient les systèmes physiques réguliers par excellence. Au moins depuis Newton, il semblait que tous les nuages fussent des horloges, réglées par une main supérieure. Puis les travaux des physiciens avaient ébranlé cette vérité et favorisé des conceptions indéterministes. Popper avança alors un renversement décisif sur son terrain : il

n'y a pas d'horloge parfaite et, au contraire, toute horloge comporte un élément nuageux. En ce sens, on pourrait entendre le nuage comme grain de sable et comme événement, et il pourrait apparaître comme un emblème de notre liberté.

Le bon vieux Larousse à reliure émiettée ne se posait pas la question et roupillait à côté des aventures de la famille Fenouillard dans les rayonnages de la bibliothèque de mon grand-père. À l'article « Nuage », outre des colonnes serrées de texte plutôt ardu, il nous soumet toujours une double page de photos noir et blanc. La planche I présente des nuages au-dessus des toits ou des arbres ou de la mer, étirés ou regroupés. Parmi eux, deux ciels pommelés répondent – en légende – au paysage de cirro-cumulus et d'alto-cumulus. La planche II présente d'autres formations : une « mer de nuages » sur la chaîne des Pyrénées et des « nappes de brouillard ». Je n'ai pas oublié que ces expressions m'ont étonné par leur justesse, que j'ai vu autrement – grâce à elles – la *mer* et les *nappes*. L'édition de 1932 ajoute les nuages de Magellan qui demandent un détour par le monde austral et les nuages artificiels utilisés en agriculture contre les gelées blanches.

Bien entendu, le Robert est le digne héritier des vieux maîtres. C'est lui qui m'apprendra que le premier nuage artificiel fut émis au moyen d'un appareil fumigène et qu'il avait pour fonction de dissimuler un navire de guerre. Si les citations sont moins nombreuses que dans le Littré, elles sont dominées par Racine avec trois citations où le nuage est par deux fois « funeste ». Au passage, dans sa livraison étymologique, on relève *gnôle* ou *niôla* en patois provençal et savoyard, qui désigne le brouillard ou les nuages, l'eau-de-vie qui chasse la brume comme le bourbon le blues et disperse un léger brouillard devant les yeux.

Pour aller vite, on retiendra aussi que le russe *oblakha* laisse entendre un district ou un vêtement du ciel, que l'italien *nube* propose à la perfection un nuage de mélancolie, que l'espagnol *nube* est redoublé par *celaje* qu'on traduit par « nuage coloré », que l'allemand *Wolke* vaut mieux que *Nebel* devenu effroyable, et que l'anglais *cloud* insiste sur le trouble, l'embuement du miroir terni, on l'a vu avec Lear, ambiguïté rendue par le proverbe « *every c. has a silver lining* », comme si vraiment à quelque chose le malheur était bon. On notera encore que l'allemand a fabriqué le diminutif *Wölkchen* et qu'il possède l'équivalent du génial *cloud-cuckoo land* anglais.

Le jazz tient sûrement de ce coucou par son *beat*, ses deux temps où il puise l'énergie essentielle qu'il dispense à une matière insaisissable. On sait qu'il vient du *blues*, et le vieux mot, râpé par des générations d'Afro-Américains, sous-entend déjà les nuages. On sait aussi qu'il faut du souffle et que les musiciens ont les joues gonflées. On croit sur parole Steve Lacy quand il dit de Monk qu'il savait « sculpter l'espace » et que pour lui la question majeure consistait à « élever la scène musicale ». La monotonie, parfois, ne change rien à l'affaire. Le jazz est né d'un manque, d'une dépossession, et il a trouvé sa force dans le vide sur lequel il s'appuie. Coltrane l'a fait devenir *free*. Il s'est identifié à celui qui avait retourné son surnom de *Yardbird* en *Bird*. Il apprend auprès de Monk. Il s'envole, il envoûte, il flotte comme un roc sur l'horizon, ce sont les mots mêmes des historiens de la musique. Son saxophone évoque vagues, remous, pulsation, vibrations, tourbillon, tempête, nappes sonores qu'il étend à l'envi, tout un lexique nuageux. Il plane, il est en extase, on ne saurait être plus clair. Quant aux improvisations, elles traduisent des enchevêtrements et des ramifications (le proprement nuageux). Il part des ballades et il y revient. Il enregistre au passage *Ascension* et *Infinity*. Sa trajectoire fulgurante rappelle que toute musique est de l'ordre du voyage ou d'un désordre du voyage, d'une errance fondatrice. Illettré génial qui grandit dans les roulottes et jouait aux fléchettes, Django écrivit ce morceau trop célèbre qu'il orthographiait *Nuaj*. Mieux encore, Johnny Griffin considérait que le jazz « c'est comme naviguer avec tout un équipage sur un tapis volant ». Rien à ajouter. Somme toute, les volutes de fumée et le halo de lumière autour de la trompette de Miles Davis seraient anecdotiques, même si Dennis Stock – le photographe – y a mis le même soin qu'à saisir un *sunset* sur la Golden Coast ou les brumes dans le Japon d'autrefois.

Aux origines du siècle dernier, il y a la révolution d'un nouvel espace-temps. Il y a Einstein, il y a le premier *Atlas international des nuages* publié en 1894 à Uppsala par les membres de la Commission internationale des météorologistes, il y a de nouveau *Ulysse,* il y a le jazz et la musique dodécaphonique. Il y a aussi *Le Nuage rouge*. Mondrian l'a peint entre 1907 et 1909. Il reste exceptionnel, en soi, et dans son œuvre, car à part trois ou quatre paysages analogues il n'y a rien de comparable – ni avant ni après encore que ses ovales puissent nous rappeler la forme des *nuvola*. Le nuage orange domine, on pourrait dire qu'il trône. Cela dit, une question vient aussitôt : pourquoi ce titre, *Nuage rouge*, alors qu'il apparaît *orangé* ? À moins que la question ne soit : pourquoi le titre n'est-il pas « Nuage orangé » même si en néerlandais l'orange est chargé d'un sens historique national ? Ou alors il s'agirait d'entendre « rougeoiement », un

***Miles Davis*, 1958, États-Unis.**

devenir rouge, un feu ardent comme si le nuage trouvait et nourrissait en lui-même sa propre lumière. Bien plus qu'un accent de fauvisme, j'y vois d'abord une affirmation de la peinture comme telle, inscrite dans la tradition éclatante des manches de la robe chez *La Fiancée juive* d'un Rembrandt peu attaché à la lumière naturelle des choses. Et ce nuage est singulier, unique, solitaire. Mondrian ne peint pas le ciel ni des nuages mais *un* nuage comme il aimait peindre alors *une* fleur plutôt qu'un bouquet. Le nuage *est* aussi *comme* un manteau dont la base révèle des touches bleu sombre. Si on veut lui donner une dimension religieuse, on peut suggérer l'éclat des Ascension(s) et mieux encore le moyen (le médium) d'une identification à Dieu. Si on se contente d'une dimension ontologique, on posera le nuage comme présence. Il veille sur un paysage festonné, comme on voit aujourd'hui chez Kirkeby, une terre verte, une lande, un pré plutôt, les vaches ne sont pas loin. En tout cas, ce nuage commande qu'on s'y arrête, qu'on campe ou qu'on vaque dans les parages, sous le brasero céleste, sans autre fin que la fin du jour.

Le génie de Bonnard est un don d'ubiquité qui lui permet d'apparaître, sans tapage, là où *a priori* on ne l'attendrait pas. Étonnante proximité des nuages du *Petit Paysage du Dauphiné* peint dès 1888 et du *Nuage rouge* hollandais qui tient à l'épaisseur de la matière nuageuse, moins étonnante l'influence exercée sur Rothko qui lui reprend son nimbe et le portera aux confins de ces parages du vague exaltés par Mallarmé même si pour l'ancien nabi le dessin relevait de la sensation et la couleur du raisonnement. Bonnard dessinait des croquis sur ses agendas. On y découvre, griffonnées au crayon, de nombreuses annotations climatiques, « beau nuageux », ou « nuageux » tout court, ou « couvert » qui sous-entend qu'on ne voit plus à proprement parler de nuages distincts. Au fur et à mesure ses ciels du Nord et ses ciels du Sud se confondent en un même univers. Une gouache et aquarelle, petite par les dimensions, 28 × 36 cm, *Le Nuage sur la mer*, résume cet univers. On n'a plus qu'à s'asseoir devant elle, dans un fauteuil, et à se laisser aller. Au choix, glisser à la surface ou s'y enfoncer. Bonnard, lui, s'enfonçait (c'est ce qu'il écrivait à Charles Terrasse) dans une passion périmée de la peinture, mais dieu merci il ne s'y ennuyait pas, montrait même un sacré appétit, remettant le couvert, suivant son idée, donnant suite à son sentiment par bandes horizontales ou bandeaux de ciel et de mer et de nuage et de baignoire et de buffet et de rebord de fenêtre, finissant par sortir dans le jardin. À l'occasion, il racontait une anecdote avec humour : un peintre en bâtiment qui jetait un œil confraternel sur son travail lui dit un jour : « À la première couche ça va toujours, c'est à la seconde que je vous attends. » Le peintre en bâtiment s'y connaissait. Il nous rappelle, au passage, l'importance des *couches* en peinture comme parfois en nuage.

Piet Mondrian (1872-1944), *Le Nuage rouge*, vers 1907, huile sur carton, 64 × 75 cm, La Haye, Haags Gemeentemuseum.

Vers le milieu du siècle, les peintres commencent à explorer un espace non-figuratif. Si, par définition, la figuration n'a plus lieu, si l'informe cesse d'être un figurant, et si le motif tend à s'abstraire et disparaître jusqu'au titre (*Sans titre*), on n'en ressent pas moins les empreintes d'une présence. Ne serait-ce que la main qui a tenu le pinceau ou la brosse ou le bidon, ne serait-ce qu'un geste. On porte un regard différent. On flotte un peu. On n'a pas forcément

besoin d'interpréter. Mais on n'aurait guère de peine à voir ici ou là, quitte à se faire rappeler à l'ordre, une extension du nuage. À sa façon, il semble toujours à l'œuvre dans les labyrinthes ou dans la rigueur des lignes ou dans les à-plats de couleur tendre. Rothko n'est pas le plus mauvais exemple. Il procède par une sorte de dissolution des figures qui estompe les contours et augmente la fluidité de la toile qui devient translucide et donne l'impression d'être suspendue au-dessus ou au-devant du vide, comme si, à la limite, la toile elle-même se métamorphosait en *nuage*.

« C'est un monde vu d'avion. » Voilà ce que disait Mondrian de ses derniers tableaux. Sam Francis c'est l'aviateur en chef. Il vole pour de vrai, il effectue des centaines de vols dans son avion de l'US Air Force, un jour il tombe, il a une lésion de la moelle épinière qui le cloue sur un lit d'hôpital. Il se met à peindre. Il représente ce qu'il connaît déjà, qu'il a perdu, qu'il veut re-connaître et re-posséder par un autre biais, le ciel, l'expérience de sa traversée. Sam est une bonne nature qui ne tient pas à se complaire dans l'expression de la souffrance d'un corps corseté, malgré le précepte de Manet postulant que la douleur est le fond de l'humanité. Il fait valoir au contraire l'expérience de sa légèreté, et il écrit en marge de son travail le nom de Bonnard, oui, « *Bonnard – or be kind to yourself human being* ». S'il s'inscrit dans le sillage de Rothko, il s'en sépare par l'ambition d'une profondeur. Il nous invite à voler à notre tour dans *Pale Green* à travers une matière floconneuse comme à travers *Japan Line* dans la blancheur inépuisable d'un élément évanescent. À la suite de Constable, il s'aventure à tout dire avec rien. Mais ce rien prend des dimensions vertigineuses, qui rappelleraient les « grandes décorations » (*Nymphéas*) de Monet, la vitesse en supplément. Le blanc et le bleu convergent dans cette profondeur infinie. Vingt ans après, sur la suggestion du *Yomiuri Shimbun*, il peint le ciel au-dessus de la baie de Tôkyô. Cinq hélicoptères lâchent des gaz qui forment des bannières de couleur, bleu, rouge, magenta, jaune, blanc. Sam Francis pilote un des hélicoptères. Peut-être pense-t-il alors à sa peinture en termes de catastrophe, moins dans le sens de dénouement funeste pris par ce mot que dans le sens conservé par l'étymologie, à partir de *strophé* qui est l'action de tourner (comme un hélicoptère ou un peintre autour de son sujet) et de *kata* qui indique un mouvement du haut vers le bas (comme Icare ou un avion qui atterrit), voire dans le sens adopté en mathématiques où la théorie des

Ci-dessus : Une page des Carnets de Pierre Bonnard, février 1940, Paris, Bibliothèque nationale de France.

Page ci-contre : Pierre Bonnard, *La Méditerranée*, vers 1941-1944, Paris, musée du Louvre, D.A.G. (fonds Orsay).

Bonnard

catastrophes désigne l'analyse de situations entraînant des modifications de la stabilité morphologique d'un objet et permet de retrouver le nuage où l'on ne l'attendait pas obligatoirement.

Vers l'infini milieu des années quatre-vingt, Ràfols-Casamada dispose ouvertement ses pigments et ses acryliques au niveau de la mer. Il peint *Le Retour d'Ulysse*, qui voisine avec *La Chute d'Icare*. Cette histoire marque une extension de temps puisque le retour en question c'est à la fois les dix ans du périple et le jour même du retour, la nostalgie inhérente à l'*Odyssée*, un voyage, qui nous renvoie encore au poème de Baudelaire :

[Faites]
Passer sur nos esprits, tendus comme une toile
Vos souvenirs avec leurs cadres d'horizons.
Dites, qu'avez-vous vu ?

Les étonnants voyageurs ont donc vu des astres et des flots et des sables et la mer violette et le soleil couchant mais rien qui vaille le mystère des paysages « que le hasard fait avec les nuages ». Ce *Retour d'Ulysse* est bien sûr un bloc de sensations et une composition, sur un rythme ternaire, équilibré dans la proportion 2/3/1, montrant des aires qui sont d'abord des aires de couleur, bleu, variations de bleu, expansion infinie de bleu qui fait vibrer l'espace de la toile, mer et ciel indéfinis, on n'est plus chez Mondrian. On éprouve un sentiment de densité et de légèreté à la fois, ce qui est le propre du nuage. Par densité, on peut entendre le noyau de l'être, l'intensité du bleu, une épaisseur suggérée par la profondeur ou les lointains, une certaine compacité, sachant que le latin *compingere* signifie : fabriquer par assemblage, composer ; et au sens figuré : 1) imaginer ; 2) recouvrir de peinture. Par légèreté, on peut entendre un allègement, un affleurement de matière, des fines touches de pinceau et de lumière, l'impression que la couleur monte à la surface, la sensation de formes qui flottent : nuages, plumes, vapeur, écume, ange si on veut. Les plumes sont une matière ouatée où se dessine un mouvement en hélice qui crée une espèce de vide comblé par les vibrations de couleur et qui peut passer pour un équivalent des petits tourbillons imaginés autrefois par Malebranche et autrement par Vinci, résolvant la contradiction entre l'aspect non fini de la toile (l'addition des instantanés qui la composent) et la conscience d'y avoir mis un terme (l'éternité de l'instant, le « chaosmos »).

Dès le départ, les photographes s'affairent avec cette énigme. Longtemps ils posent leur appareil devant un paysage, rue, campagne, mer comme au Havre, ils observent des temps de pause très longs. Ils captent la lumière, ils intriguent les peintres au point que le vieux Degas multiplie les prises avec son Kodak, pour voir. Mais les nuages ne sont pas leur meilleur client malgré leur culte exacerbé de l'instant.

Mark Rothko, *Nuage blanc sur pourpre*, 1957, coll. part.

Ci-contre : Sam Francis, *Painting*, 1952, Londres, Victoria & Albert Museum.

Page ci-contre : Albert Ràfols-Casamada, *Retour d'Ulysse*, 1983, coll. part.

ràfols casamada 83

En 1923, Stieglitz prend son premier nuage comme *nuage*. Il publie des photographies depuis 1887. Il traverse une période tourmentée. Il se lance ce défi (dit-il) parce qu'un critique a attribué le succès de ses portraits à sa personnalité hypnotique. On n'endort pas des nuages. Les premiers appartiennent à des ciels d'orage, d'abord avec un paysage effacé, maison ou montagne ou arbres, puis ils tiennent seuls dans le ciel. Il les intitule *Equivalent* et les considère comme l'expression pure de l'être intime. Lorsque le Museum of Fine Arts de Boston acquiert, dès 1924, vingt-sept photographies de Stieglitz, le catalogue insiste sur les affinités avec les éléments méditatifs de l'art extrême-oriental. On évoque également leur attitude musicale pour leur impact émotif. Pendant plusieurs semaines, il sort chaque jour avec son appareil et il éprouve une grande excitation à multiplier les prises et une forte anxiété à développer les négatifs des nuages, croyant à chaque fois être tout près de trouver ce qu'il cherchait. La passion ne se dément pas. Et avec son *Equivalent, 1930*, il parvient à une espèce de perfection.

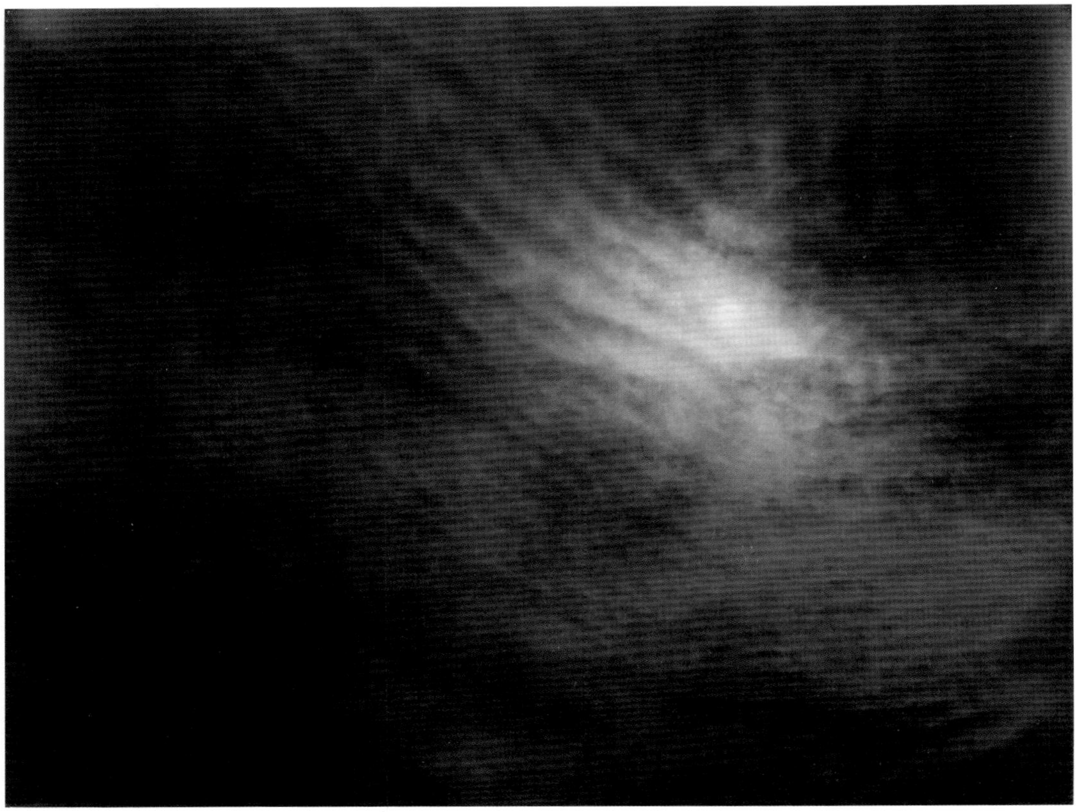

En 1937, Kertész prend *Nuage perdu*. Le titre complet est *Le Nuage perdu. New York. 1937.* La précision du titre est coutumière à Kertész. Il vit à New York depuis peu, et il a signé avec l'agence Keystone. Il traverse une période d'exaltation mêlée de déception, exaltation pour les découvertes qui élargissent et aiguisent sa conscience, déception car l'agence le fait opérer en studio alors qu'il aime travailler en extérieur et qu'il rêve de reportages qu'on ne lui commande pas ou qu'on ne publie pas. Le nuage est un nuage new-yorkais et l'on suppose qu'on est l'été, même si le titre ne précise pas le mois comme si ce nuage perdu valait pour l'année 1937. Le gratte-ciel est l'Empire State Building. La photographie suscite deux lectures. D'un côté : un homme déambule entre les gratte-ciel, il ne laisse pas échapper cette belle occasion, et il pourrait faire penser à un gamin qui a attrapé dans son filet un papillon blanc (le même qu'on a vu à côté de *L'Église de Moret, le soir* peint par Sisley). De l'autre côté : un homme déambule entre les gratte-ciel, il ne laisse pas échapper cette occasion

Ci-dessus : Alfred Stieglitz, *Equivalent*, 1925, Paris, musée d'Orsay.

Page ci-contre : André Kertész, *Nuage perdu, New York*, 1937, ministère de la Culture, France.

Arthur Rothstein, *La Famille d'un travailleur migrant agricole du Tennessee, ici dans un champ de Winter Haven, Floride*, 1937, Washington, Bibliothèque du Congrès.

Arthur Rothstein, *Nuages de poussière épais et noirs s'élevant au-dessus du Texas*, 1936, Washington, Bibliothèque du Congrès.

et il *prend* dans son boîtier cette petite balle de mélancolie qui vient buter contre un bloc qui la prive d'horizon. Il n'y a pas à choisir entre les deux lectures. L'homme est toujours un errant. Il arrive qu'il se fixe ou qu'il se dissolve. Et c'est aussi une chance pour lui d'être dépaysé.

L'année précédente, Arthur Rothstein avait saisi la chance dont Kertész rêvait. À peine vingt et un ans, sorti de l'université de Columbia, il est envoyé en reportage sur le terrain, en mission pour « enquêter sur les tourbillons de poussière » dans le Dust Bowl. Il prend la route, ça dure six mois, il sillonne les grandes plaines intérieures du nord au sud, il s'aventure jusque le long de la Yakima River dans les Rocheuses, il se dit qu'il fait un beau métier, il prend sur le vif la vie des fermiers, cette mère et ses cinq enfants qui posent et qui ne posent pas de part et d'autre de la portière entrouverte, et quand il regarde ce tirage de l'automobile posée comme un scarabée au bout du long ruban d'asphalte, il lui donne pour titre « nuage épais et noirs s'élevant au-dessus du Texas ».

Ci-dessus : Wim Wenders, *Les Ailes du désir*, 1987.

Page ci-contre : Nicolas Bouvier, *L'Automne à Kaboul, Afghanistan*, 1954, Lausanne, fondation de l'Élysée.

Vingt ans après, Frank accompagnera Kerouac sur la route Number One, et ça donnera le texte magnifique « En route vers la Floride » dans le livre *Vieil Ange de minuit* au milieu des nuages de pluie et des papillons de nuit et des pompes à essence, et ça contribuera au non moins magnifique *Les Américains* avec son lot de tristesse qui nous rend semblable à l'autre et cette joie liée à la splendeur du visible, un recueil qui s'achève sur une planche contact de ses enfants à lui dans sa voiture un petit matin du Texas.

Un qui connaît la route, c'est Wenders. Outre ses films, il a écrit un livre en vers, accompagné de photographies, *Une fois*, où il stipule que l'appareil photo « montre simultanément LES CHOSES/et LE DÉSIR de ces choses », que ce soit une atmosphère ou un paysage, moins arrêté au centième de seconde que « ir-résistible » car « chaque photo est un rappel de notre mortalité ». Il publie en même temps ses photographies, débordant de nuages, le long d'une voie ferrée ou par le pare-brise de la voiture dans laquelle il va rendre visite à Nicholas Ray à travers le désert Mojave, pressentiment d'une histoire, espèce de nuage sentimental, ouverture d'une histoire, quel que puisse être en fin de compte l'échec du récit. On avait déjà éprouvé cette aspiration dans ses films car c'est sa

langue même, l'errance des êtres à la dérive, à savoir nous, les petits frères de Kerouac, lancés sur la route pour éprouver le vide. Revoyez *Alice dans les villes* où l'enfance nous rattache à un ciel augural et *Faux Mouvement* où le héros achève son voyage au-dessus de la mer de nuages du Zugspitze et le magique *Au fil du temps* où les reflets des nuages sur les vitres du camion accusent une nostalgie essentielle, avant que *Der Himmel über Berlin* (déchu en *Ailes du désir*) ne nous montre les choses sous un angle de plongeur.

Image extraite de *La Rivière rouge* de Howard Hawks, 1947.

Qu'ils le veuillent ou non, la plupart des cinéastes paient leur dû aux nuages. Revoyez la trace initiale de *Passion* de Godard et la trace finale du *Dead Man* de Jarmush avec le canoë qui glisse vers le pays des morts sous les seuls nuages d'un film tourné en noir et blanc à l'ombre prophétique de William Blake, sans oublier plusieurs plans du sublime *Badlands* de Terrence Malick. Il y a encore cette histoire de tournage sur *La Rivière rouge* : quand Hawks décide à l'étonnement général de tourner la scène du sermon sur la tombe du cow-boy malgré l'arrivée d'un gros nuage au-dessus de la colline, son intuition est la bonne, la lumière qui balaie la cérémonie provoque une émotion d'autant plus forte.

Je ne cesse de répéter que *L'Usage du monde* fait partie du petit nombre de livres qui me font battre, très fort, le cœur, et je prends conscience ici de ce que sa lecture doit au nuage. À le relire, on demeure interdit par le don avec lequel il dit assez exactement avec une grâce étourdissante ce à quoi on s'escrime si difficilement. Nicolas Bouvier est un immense écrivain qui reprend les choses (le sujet) là où les avaient laissées Hölderlin et Baudelaire. Qu'est-ce qui nous pousse à voyager ? La réponse tiendrait en quelques images éclairées par le motif d'un vide essentiel où les nuages ont la partie belle. Ils se tiennent en général à l'arrière-plan, souvent dans la lumière des petits matins ou des fins d'après-midi, mais à la première occasion, c'est à la page 43, sous la forme d'une trombe de poussière rouge, encore pas bien loin sur la route de Genève au sous-continent indien, et ils nourrissent déjà le désir de revenir un jour, « sur un balai s'il le faut ». Ailleurs c'est une lueur citron qui borde le ciel au-dessus de la mer Noire, plus loin c'est la forme des nuages qui change tout entre deux étapes iraniennes, puis à proximité de Kaboul ce sont des montagnes mauves où fume une fine couche de neige. On pourrait même la deviner au détour d'une page du recueil de ses photographies, *Dans la vapeur blanche du soleil*, édité peu avant sa mort. Heureusement, après Kaboul, il repart, il parvient enfin au Khyber Pass, il est si doué qu'il n'a pas besoin du mot « nuage » pour montrer le soleil qui disperse les brumes et fait briller la route et les joncs. Et le plus beau tient à ce que tous ces paysages ne valent qu'en contrepoint des portraits drôles et tendres d'hommes et de femmes qu'il a rencontrés et qui se rapportent à une philosophie modeste résumée par un précepte grandiose : « Moi par-dessus tout c'est la gaieté qui m'en impose. »

Cela dit, la gaieté ne fait pas toujours le poids face à l'Histoire qui, on le sait, n'hésite pas à faire usage de la métaphore nuageuse. Certes, il arrive qu'elle favorise des images légères dans une époque lourde de menaces quand Maïakovski projette dans le ciel bientôt bolchevik son nuage en pantalon jaune. Mais l'accumulation de nuages tend à signifier une crise, voire l'agonie d'une civilisation. Elle a pris un sens particulièrement fort – au point de gagner sa place dans les dictionnaires au rayon des citations – chez Jaurès quand il a annoncé « la nuée » qui menaçait l'humanité. Il dénonçait la Première Guerre mondiale à venir comme un nouveau fléau, comparable aux sauterelles des empires égyptiens. Sans induire, ni déduire, que l'histoire obéisse à un mouvement cyclique, il faut admettre que la nuée guerrière aura défini et gâté notre horizon. Le pauvre Kant qui eût aimé boucler la boucle avec son projet de paix universelle en serait atterré. Au cœur du siècle, on ne saurait oublier les nuages de gaz au-dessus des camps nazis. On ne saurait non plus oublier le nuage atomique d'Hiroshima. J'y pense souvent, j'en ai vu des images d'apparence anodine et d'autres effroyables. J'ai vu aussi les traces incrustées dans la pierre et le métal quand j'y suis allé. Ce jour-là, au-dessus du dôme ouvert, les petits nuages blancs d'Angelico et d'Ozu voguaient dans le ciel bleu. On a dit qu'il n'y avait rien à voir à Hiroshima. D'un certain point de vue, je n'ai rien à redire.

Le champignon atomique au moment de l'explosion à 500 mètres au-dessus d'Hiroshima, 6 août 1945.

Dans le florilège de nuages dont toute l'histoire de la peinture regorge, *Pearblossom Highway* impose son puzzle. Le titre exact est d'ailleurs *Pearblossom Highway, 11-18th April 1986*. La précision témoigne de la volonté de David Hockney d'étendre non seulement l'espace mais aussi le temps dans lequel l'œuvre s'inscrit. Quand bien même il révoque (« *fuck* ») les concepts de la philosophie, son projet consiste à recréer les conditions de la perception du paysage. Dès 1962, à vingt-cinq ans, il déclarait : « Je peins ce que je veux, quand je veux et où je veux, sans renoncer à l'occasion à quelques voyages nostalgiques. » À la suite d'un séjour aux États-Unis, deux ans plus tard, il peint *Iowa* en cubes avec des nuages qui sont (dit-il) l'élément le plus intéressant du paysage local, et *Arizona* toujours avec des nuages et une tête d'Indien coiffé de plumes. Il n'a sans doute pas oublié les films de son enfance où les Indiens ingénieux employaient les nuages comme langage et même comme discours. On aperçoit aussi en bonne place la carte postale du *Baptême* de Piero della Francesca dans *Looking at Pictures on a Screen*. En fait, Hockney reste fasciné par la représentation de l'eau, piscine, océan. Il reconnaît qu'il contemple l'agitation incessante des vagues comme l'eau de la piscine « toujours en mouvement et (qui) change de couleur ». On ne pourrait pas mieux dire pour les métamorphoses incessantes des nuages. À partir des années quatre-vingt, Hockney utilise un appareil photographique et fabrique des images qui juxtaposent plusieurs points de vue. Ici, dans *Pearblossom Highway n° 1*, on roule dans le désert Mojave, pas très loin de Wenders et de Nicholas Ray. Hockney prend des clichés pendant une semaine, modifiant les angles, montant sur une échelle, conjuguant cactus et cannettes. On peut lire STOP AHEAD en lettres noires sur un poteau jaune et AHEAD puis STOP sur la route en lettres de peinture blanche. Les nuages stagnent dans les fragments micacés d'un ciel où le regard n'est pas aspiré par l'horizon, et pourtant tout se passe comme si l'horizon s'étendait dans toute la largeur de l'espace. STOP AHEAD, s'arrêter devant la ligne, AHEAD, ce qui est devant nous, au-delà de la ligne, ce qui nous attend.

David Hockney, *Pearblossom Highway, 11-18th April, 1986*, 2de version, Los Angeles, J. Paul Getty Museum.

STOP
PEARBLOSSOM HWY
CALIFORNIA
138
STOP
AHEAD
AHEAD
STOP

5 V 05

Advienne que pourra. Personne n'échappe à cette incertitude essentielle, à ce suspense, venu du latin *suspensus* (qui plane, qui flotte), mot repris par l'anglais contemporain au français du XVe siècle quand les derniers rejetons du roi saint Louis filaient au-delà de la ligne des Alpes vers les promesses de gloire suscitées par les banquiers et les peintres italiens. Suspendre c'est à la fois tenir en l'air et en offrande, ce sont les points de suspension du *Spleen*, tout ce qui nous tient par un fil à la vie comme les lettres du mot WORDS dans les Polaroid de Robert Frank. Sous un certain angle, l'épée de Damoclès appartiendrait à la famille du nuage. La peinture n'est jamais loin, prête à se déposer. Celle de Jean-Pierre Schneider s'inscrit entre déposition et suspension, la ligne, le corps, le ciel, le geste lui-même, quand le peintre se demande jusqu'où il peut aller avant que ça tombe. Il en va ainsi de ses *Nageurs* et de ses *Foulées*, de son attention aux choses ténues, de sa série « Le heaume de Mambrino » où il s'engage sous le signe d'une aventure qui prend les ailes d'un moulin pour une armée de géants et où le casque est (comme) un nuage qui figure mon autoportrait. À nouveau, j'ai la tête dans les nuages, retour au point de départ, à la ligne, STOP AHEAD.

On n'en finit pas aujourd'hui avec les ouragans, typhons, cyclones, déjà évoqués par Kant, comme quoi la philosophie avait pris un bon pli depuis les *Météorologiques* d'Aristote, comme quoi – n'en déplaise à Hockney – elle reste d'actualité. Dans ces amas et tourbillons considérables, l'œil du cyclone intrigue. Il reste un noyau de calme au milieu de la tempête, un *oculus* qui n'est ni le mien ni celui de Dieu. Il faut s'y faire. Baudelaire avait encore mis dans le mille en notant dans *Le Peintre de la vie moderne* que « la modernité c'est le transitoire, le fugitif, le contingent, la moitié de l'art, dont l'autre moitié est l'éternel et l'immuable ». On n'en finit jamais avec les nuages. Tout nous y ramène, dans la vie de tous les jours, l'état du ciel sans même qu'on lève la tête, les paysages d'un western de Monte Hellman ou un livre d'art consacré à Bazaine où je découvre le même coup de crayon pour représenter un « nuage » et un « autoportrait », une vieille carte postale d'Erfurt adressée à Frédéric Jouve 40 rue Marat, une collection de timbres chinois, la mer dans le rectangle de la fenêtre, un roman de Daniele del Giudice ouvert en prévision d'une balade italienne où je lis « *sunt etiam fluctus per nubila*, c'est ce que dit Lucrèce, il y a aussi des vagues dans les nuages » et ainsi de suite sur des pages et des pages qui viennent confirmer qu'il s'agit bien d'une histoire sans fin. Alors comment finir autrement que par les nuages mauves du ciel gallois, par cette ondée désastreuse, les gouttes de pluie tombées un soir sur la route où se sont brutalement terminées – il y a bientôt quinze ans – la destinée de notre petit martin-pêcheur et notre vraie vie.

Jean-Pierre Schneider, *Le Heaume de Mambrino*, 2005, 130 x 195 cm, collection de l'artiste.

Remerciements à Karine Benzaquin, Laetitia Bianchi, Garance Giraud, Sophie de Maillard, Philippe Matsias, Anne Soto, Robert Wainer, Éric Zernik,

à Claude Hénard et Nathalie Beaux comme d'habitude et comme de juste,

à mon amoureuse pour nos voyages
sans lesquels ces nuages seraient restés lettre morte.

Si ce livre tient surtout à une vieille obsession, à un regard assidu porté sur la peinture et les nuages dans le ciel, à un certain nombre d'intuitions, il tient à signifier sinon une dette du moins une admiration à l'égard des monographies et synthèses prestigieuses écrites par l'éminente tribu des historiens d'art.

CRÉDITS PHOTOGRAPHIQUES

AKG : 4, 6, 7, 21, 59, 60, 138, 140, 141 ; Erich Lessing : 14, 31, 37, 41, 48, 98 ; Joseph Martin 27, 58 ; Nimatallah : 13 ; Camera photo : 51 ; Sotheby's : 55, 67 ; Gilles Mermet/DR : 108. – The Art Archive/Dagli Orti : Musée : 15 ; Monastère de Santo Domingo de Silos : 20. – Bibliothèque du Congrès, Washington/Département des Photographies : 128,129. – BNF, Paris : 23, 120, 82. – Bridgeman : 28, 29, 34, 35, 36, 39, 46, 47, 49, 56, 57, 61, 64, 65, 66, 69, 73, 74-75, 77, 79, 83, 84, 85, 88-89, 90, 97, 106-107, 111, 119, 123, 124. – Corbis : National Gallery Collection by kind permission of the Trustees of the National Gallery, Londres : 42, 43. – Currier Museum of Art, Manchester, New Hampshire, Museum Purchase ; Currier Funds, 1959.10 : 63. – Collection Roger Viollet : 113, 133 ; LL : 114-115. – Collection Christophe L : 130. – Collection particulière : 136. – DR : 101 ; 132. – Fondation de L'Élysée, Lausanne : 131. – Freer Gallery of Art, Smithsonian Institution, Washington, Gift of Charles Lang Freer, F 1908.171 : 103. – GHFP/Rapho : Roland et Sabrina Michaud : 104. – Magnum : Dennis Stock : 116. – Memphis Brooks Museum of Art/Gift of Mr and Mrs Hugo N. Dixon 54.64 : 87. – © The David Hockney N° 1 US Trust : 135. – Paul den Hollander : 89. – Leemage/Heritage Images : 22, 45. – © Ministère de la Culture, France : 127. – Photo J. Moatti/collection particulière : 125. – Philadelphia Museum of Art/Georges W. Elkins Collection, 1936 : 94. – RMN : Hervé Lewandowski : 16, 126 ; Michèle Bellot : 81 ; DR : 91 ; Jean-Gilles Berizzi : 93, 121. – Scala, Florence : 53 ; Ministero Beni e Att. Culturali : 33 ; Opera Metropolitana, Sienne : 24. – © Succession Henri Matisse : 95.

Iconographie rassemblée par Karine Benzaquin-Laidain et Anne Soto.

Photogravure : Seleoffset,Turin, Italie
Impression : Pizzi, Milan, Italie
Dépot légal : octobre 2006. N° 85102